David Kremer

Spectroscopie Raman de l'hexafluorure de soufre

David Kremer

Spectroscopie Raman de l'hexafluorure de soufre

Bandes induites par collision, bandes harmoniques et violation des règles de sélection

Presses Académiques Francophones

Impressum / Mentions légales
Bibliografische Information der Deutschen Nationalbibliothek: Die Deutsche Nationalbibliothek verzeichnet diese Publikation in der Deutschen Nationalbibliografie; detaillierte bibliografische Daten sind im Internet über http://dnb.d-nb.de abrufbar.
Alle in diesem Buch genannten Marken und Produktnamen unterliegen warenzeichen-, marken- oder patentrechtlichem Schutz bzw. sind Warenzeichen oder eingetragene Warenzeichen der jeweiligen Inhaber. Die Wiedergabe von Marken, Produktnamen, Gebrauchsnamen, Handelsnamen, Warenbezeichnungen u.s.w. in diesem Werk berechtigt auch ohne besondere Kennzeichnung nicht zu der Annahme, dass solche Namen im Sinne der Warenzeichen- und Markenschutzgesetzgebung als frei zu betrachten wären und daher von jedermann benutzt werden dürften.

Information bibliographique publiée par la Deutsche Nationalbibliothek: La Deutsche Nationalbibliothek inscrit cette publication à la Deutsche Nationalbibliografie; des données bibliographiques détaillées sont disponibles sur internet à l'adresse http://dnb.d-nb.de.
Toutes marques et noms de produits mentionnés dans ce livre demeurent sous la protection des marques, des marques déposées et des brevets, et sont des marques ou des marques déposées de leurs détenteurs respectifs. L'utilisation des marques, noms de produits, noms communs, noms commerciaux, descriptions de produits, etc, même sans qu'ils soient mentionnés de façon particulière dans ce livre ne signifie en aucune façon que ces noms peuvent être utilisés sans restriction à l'égard de la législation pour la protection des marques et des marques déposées et pourraient donc être utilisés par quiconque.

Coverbild / Photo de couverture: www.ingimage.com

Verlag / Editeur:
Presses Académiques Francophones
ist ein Imprint der / est une marque déposée de
OmniScriptum GmbH & Co. KG
Heinrich-Böcking-Str. 6-8, 66121 Saarbrücken, Deutschland / Allemagne
Email: info@presses-academiques.com

Herstellung: siehe letzte Seite /
Impression: voir la dernière page
ISBN: 978-3-8381-4398-9

Copyright / Droit d'auteur © 2014 OmniScriptum GmbH & Co. KG
Alle Rechte vorbehalten. / Tous droits réservés. Saarbrücken 2014

Table des matières

Introduction   1

1 Diffusion Raman vibrationnelle   7
    Introduction 9
    1.1   Tenseur de polarisabilité 11
    1.2   Polarisabilité moléculaire et modes normaux de vibrations 14
    1.3   Considérations de symétrie 22
    1.4   Moments d'ordre zéro des harmoniques du SF_6 29
    Conclusion et perspectives 35

2 Mécanismes induits par les collisions   39
    Introduction 41
    2.1   Description classique des propriétés induites 42
    2.2   Dénombrement des états 47
    2.3   Application et résultats 51
    Conclusion et perspectives 55

3 Expérience de diffusion Raman   57
    Introduction 59
    3.1   Acquisition des spectres expérimentaux 59
    3.2   Calibration des spectres 64
    3.3   Exploitation des spectres 72
    3.4   Spectres résolus en fréquence 76

4 L'harmonique $2\nu_5$ du SF_6   81
    Introduction 83
    4.1   Expérience 85
    4.2   Spectre isotrope de la transition $2\nu_5$ 91
    4.3   Exploitation de la bande anisotrope 98
    Conclusion 104

5 L'harmonique $2\nu_3$ du SF_6   109
    Introduction 111
    5.1   Enregistrements expérimentaux 112
    5.2   Spectres isotropes 115
    5.3   Spectres anisotropes 124
    5.4   Conclusion 128
    Conclusion 128

6	**Bande ν_3 du SF$_6$ induite par collisions**	**131**
	Introduction	133
	6.1 Protocole expérimental et dépouillement	134
	6.2 Étude des spectres résolus en fréquence	136
	6.3 Intensités intégrées de la bande	144
	Conclusion et perspectives	148
7	**Bandes ν_3 et $\nu_4 + \nu_6$ du SF$_6$**	**151**
	Introduction	153
	7.1 Intensités intégrées	154
	7.2 Spectres résolus en fréquence	156
	7.3 Dépouillement des ajustements non-linéaires	159
	7.4 Dépouillement final	167
	Conclusion	168
8	**La transition ν_3 du CO$_2$: molécules isolées**	**171**
	8.1 Introduction	171
	8.2 Spectre linéaire résolu en fréquence : extraction	172
	8.3 Intensités intégrées et moments expérimentaux	175
	8.4 Interprétation des résultats	175
	8.5 Analyse théorique	175
9	**ν_3 du CO$_2$: partie induite par collisions**	**177**
	9.1 Sections efficaces et mesures - intensités intégrées	178
	9.2 Extraction des spectres résolus en fréquence	186
	9.3 Régression linéaire résolue en fréquence	186
	Conclusion	**191**
A	**Résultats expérimentaux : compléments**	**194**
B	**Égalité entre éléments du tenseur de polarisabilité**	**199**
	B.1 Rotation de $-\pi/2$ autour de l'axe x	199
	B.2 Rotation de $-\pi/2$ autour de l'axe y	200
	B.3 Rotation de $-\pi/2$ autour de l'axe z	200
	B.4 Combinaison de deux rotations	201
C	**Résultats et définitions utiles**	**203**
	C.1 Rapports de dépolarisation, isotropie et anisotropie de la transition	203
	C.2 Conversion des sections efficaces de Holzer et Ouillon	205
	C.3 Distribution de probabilité de loi Γ	208

Introduction

Présentation

La spectroscopie Raman est un outil précieux dans l'étude des propriétés de la matière. Dans le domaine de la physique moléculaire, elles permet de déterminer les caractéristiques fondamentales des molécules que sont l'énergie des liaisons entre atomes et les propriétés de symétrie. Associée à la spectroscopie infrarouge et à un formalisme mathématique approprié, la spectroscopie Raman permet *in fine* une caractérisation poussée des propriétés intra-moléculaires. En physique de l'état solide, les spectres Raman permettent de caractériser les mouvements collectifs des atomes et leur organisation à l'échelle microscopique. En tant que spectroscopie de diffusion, elle permet également l'étude *in situ* d'échantillons variés, de manière non invasive et non destructive. Les applications sont variées et les possibilités offertes par les progrès techniques s'enrichissent continuellement.

Les travaux présentés dans cette thèse sont associés à l'utilisation d'un montage de spectroscopie en phase gazeuse dévoué aux espèces non polaires. Les études expérimentales réalisées concernent plus spécifiquement la molécule d'hexafluorure de soufre (SF_6)[1]. La spécificité du montage de spectroscopie Raman utilisé dans ces travaux est d'être optimisé pour la détection de processus de diffusion de faible intensité tels que la diffusion induite par les collisions ou l'observation de bandes de combinaison.

Le texte est organisé de la manière suivante. Le chapitre 1 est une présentation des notions théoriques essentielles associées à la diffusion Raman à angle droit, par les molécules isolées, du point de vue des processus vibrationnels. Dans le chapitre 2, nous décrivons une méthode d'étude des processus induits par collisions, basée sur la méthode de Monte-Carlo. Une application à la paire SF_6–N_2 accompagne cette démonstration. Le chapitre 3 constitue une présentation détaillée du montage expérimental utilisé. Les chapitres subséquents consistent en une présentation des résultats expérimentaux recueillis durant le travail de thèse. Les transitions étudiées sont les premières harmonique des modes ν_5 et ν_3 (chapitres 4 et 5). Ces études sont suivies par la caractérisation de la bande ν_3 « induite par les collisions » (chapitre 6). Enfin, nous étudierons dans le chapitre 7 la bande attribuée aux molécules isolées, observée autour de la fréquence du mode ν_3, soit 948 cm^{-1}.

---

[1] Le SF_6 est une molécule de type toupie sphérique ou *spherical top*.

Généralités sur la diffusion moléculaire

L'effet Raman a été postulé de façon théorique en 1923 par Adolf Smekal [1]. L'observation expérimentale a été faite, indépendamment par Mandelstam et Landsberg [2] et Raman et Krishnan [3] en 1928. À l'époque, déjà, la détection de la diffusion inélastique par les molécules relevait d'une grande difficulté, pour des questions de sensibilité essentiellement. Le bouleversement technologique constitué par le laser permit un bond en avant dans l'étude des propriétés électro-optiques des molécules, en particulier en ce qui concerne les processus de diffusion Raman [4].

Pour la spectroscopie en phase gazeuse, on peut définir très schématiquement deux classes de problèmes. La première correspond aux processus associés aux molécules isolés. Ces processus sont ceux qui donnent lieu aux signaux expérimentaux les plus intenses, lorsque l'on considère les modes fondamentaux de la molécule. Cependant, l'intensité des modes de vibrations d'ordre plus élevé (harmoniques, combinaisons) décroît de plusieurs ordres de grandeur. Ces signaux expérimentaux résultent de l'anharmonicité électrique ou mécaniques des couplages intra-moléculaires.

Une autre classe de problèmes est associée à la diffusion par des complexes atomiques ou moléculaires en phase gazeuse. Dans ce cas, les « diffuseurs » ne sont plus les molécules ou atomes isolés, mais des agrégats formés par ces éléments. Les signaux observés résultent le plus souvent d'interactions à deux corps dans la phase gazeuse. On parle alors de diffusion induite par les collisions[2]. L'intensité observée pour ces phénomènes évolue comme le carré de la densité du milieu.

Généralités sur l'hexafluorure de soufre

Parmi les gaz à effet de serre notables, le CO_2 est connu comme la principale cause de forçage radiatif dans l'atmosphère terrestre. Cependant, tout composé moléculaire présentant des propriétés d'absorption dans le domaine infrarouge est susceptible d'apporter une contribution à l'effet de serre. Parmi ces composés, le SF_6 est un polluant anthropogénique dont la concentration atmosphérique augmente à un taux de 7% par an. Le potentiel de contribution au réchauffement climatique de cette molécule est 23 900 fois supérieur à celui d'une molécule de CO_2, sur un horizon de cent années [5]. Ce gaz est donc ciblé par le protocole de Kyoto qui vise à monitorer les émissions de gaz à effet de serre, avec l'objectif de juguler le réchauffement climatique initié par la révolution industrielle et l'utilisation massive de combustibles fossiles. En ce qui concerne le SF_6, le mode de vibration ν_3, triplement dégénéré et actif en infrarouge, est le principal générateur de forçage radiatif. Sa contribution à ce phénomène est actuellement inférieure à 0.1 %.

L'hexafluorure de soufre est une molécule qui n'existe pas à l'état naturel. Sa synthèse

---
[2]Ce terme est souvent abrégé en CIS pour *collision induced scattering*.

peut être réalisée par une réaction exothermique entre les molécules S$_8$ et F$_2$. Elle trouve son utilisation en majorité comme composant dans les installations électriques à haute tension. Ainsi, le SF$_6$ est très étudié pour sa capacité à générer des arcs électriques.

D'autre part, le SF$_6$ est d'un intérêt particulier pour la recherche fondamentale. Cette molécule est certainement l'une des plus simples que l'on puisse associer au groupe ponctuel de l'octaèdre, noté O_h. Sa configuration électronique non dégénérée et son inertie chimique, associées à son élégante symétrie quasi-sphérique, en font un système particulièrement intéressant à étudier.

Structure électronique et nucléaire

La structure des couches électroniques du SF$_6$ est dite fermée. Ainsi, l'état électronique fondamental de cette molécule est non-dégénéré. Un seul isotope stable existe pour le fluor (numéro atomique $Z = 9$, 19 nucléons). Le noyau de fluor a donc un spin nucléaire de 1/2 La configuration électronique de cet atome est $1s^2\,2s^2\,2p^5$. Le fluor possède donc un espace vacant sur sa couche électronique supérieure. La configuration électronique du soufre (numéro atomique $Z = 16$) est :

$$1s^2\,2s^2\,2p^6\,3s^2\,3p^4$$

soit six électrons sur la couche M. La molécule de SF$_6$ peut ainsi être vue comme un atome central de soufre pour lequel chaque électron de la couche $n = 3$ se couple avec l'orbitale vacante de la couche $n = 2$ (couche L) du fluor. Dans cette représentation, le SF$_6$ est constitué d'un noyau central et de six atomes périphériques, chacun ayant un nuage électronique constitué de couches K et L fermées. Les atomes de soufre ont quatre isotopes stables dont l'abondance naturelle est donnée dans le tableau 1. L'atome de soufre étant à la fois centre de symétrie et centre de masse de cette molécule, la symétrie principale n'est pas brisée si l'on considère les différents isotopologues naturels de la molécule.

^{32}S	^{33}S	^{34}S	^{36}S
95.04 %	0.75 %	4.20 %	0.01 %

TAB. 1 : Abondance naturelle des différents isotopes du soufre. D'après la référence [6].

Modes normaux de vibration du SF$_6$

L'étude des modes de vibration est réalisée par celle des coordonnées normales de la molécules. Les coordonnées normales d'une molécule sont une forme réduite et symétrisée des coordonnées de déplacement des atomes par rapport à leur position d'équilibre. Si on élimine les degrés de liberté superflus que sont le mouvement de translation de l'ensemble

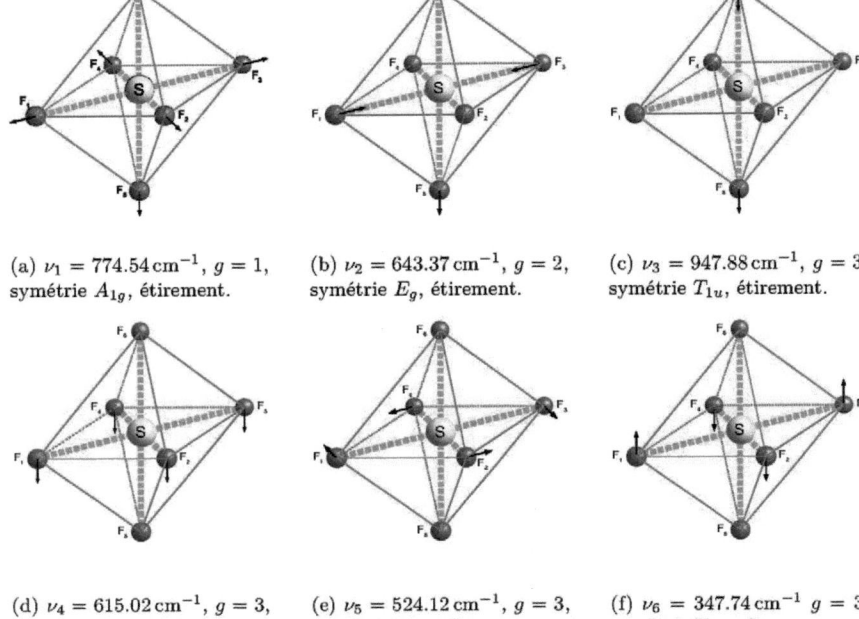

(a) $\nu_1 = 774.54\,\text{cm}^{-1}$, $g = 1$, symétrie A_{1g}, étirement.

(b) $\nu_2 = 643.37\,\text{cm}^{-1}$, $g = 2$, symétrie E_g, étirement.

(c) $\nu_3 = 947.88\,\text{cm}^{-1}$, $g = 3$, symétrie T_{1u}, étirement.

(d) $\nu_4 = 615.02\,\text{cm}^{-1}$, $g = 3$, symétrie T_{1u}, pliage.

(e) $\nu_5 = 524.12\,\text{cm}^{-1}$, $g = 3$, symétrie T_{2g}, pliage.

(f) $\nu_6 = 347.74\,\text{cm}^{-1}$ $g = 3$, symétrie T_{1u}, pliage.

FIG. 1 : La figure présente les six modes normaux de vibration de la molécule de SF_6. Les valeurs des fréquences sont issues d'assignements récents par des études spectroscopiques à haute résolution. Le nombre g dénote la dégénérescence du mode représenté.

de la molécule et son orientation dans l'espace (rotations), le nombre de coordonnées à étudier pour la molécule se réduit à $3N - 6 = 15$ en général, et $3N - 5$ dans le cas d'une molécule linéaire (CO_2, N_2, etc). Dans cette formule, N est le nombre total d'atomes de la molécule. Les coordonnées normales de la molécule sont des combinaisons linéaires des coordonnées de déplacement des atomes individuels, de telle sorte que la matrice des coordonnées soit diagonale pour l'application des opérations de symétrie du groupe ponctuel de la molécule. Néanmoins, une forme totalement diagonale n'est possible que pour des modes non dégénérés. Dans le cas de modes dégénérés, la matrice est seulement bloc-diagonale pour les coordonnées appartenant au même mode de vibration. Les modes normaux dégénérés correspondent ainsi aux blocs irréductibles de la matrice des coordonnées normales [7].

Dans le cas du SF_6, nous avons donc quinze coordonnées normales qui se réduisent à six modes normaux de vibration, dont un est doublement dégénéré et quatre sont triplement dégénérés. Les six modes de vibration de la molécule de SF_6 sont représentés sur la figure 1. Les flèches indiquées sur cette figure correspondent aux variations des coordonnées normales. Les modes de vibrations réels impliquent des couplages entre les différentes modes de vibration de la molécule [8]. En pratique, l'atome central se déplace, ce qui est une manifestation des couplages anharmoniques entre modes. Ainsi, la représentation des modes de vibration par l'intermédiaire des coordonnées normales est hautement idéalisée.

Le mode ν_1 est le mode totalement symétrique, actif en spectroscopie Raman. C'est la transition la plus intense que l'on puisse observer en spectroscopie Raman pour cette molécule. Le mode ν_2 est un mode d'étirement des quatre atomes du plan de la molécule, mais cet étirement se produit en opposition de phase pour les deux axes perpendiculaires. Ce mode est fortement actif en spectroscopie Raman. Le mode ν_3 est le mode d'étirement antisymétrique par excellence. Il est triplement dégénéré et actif en spectroscopie infrarouge. Le mode ν_4 est un mode de pliage qui génère un fort moment dipolaire et présente donc une activité infrarouge. Le mode ν_5 est un mode de pliage des quatre atomes dans le plan de la molécule, actif en spectroscopie Raman. Le mode ν_6 est l'analogue du mode ν_4 mais le pliage intervient en opposition de phase, ainsi le moment dipolaire s'annule. Ce mode est donc interdit si l'on tient compte des règles de sélection usuelles. Néanmoins, la bande ν_6 a été observée récemment en spectroscopie infrarouge ; son existence est attribuée à l'existence de couplage avec les modes ν_3 et ν_4 [9].

La longueur de la liaison S–F dans le SF_6 a été mesurée avec une grande précision par l'équipe de Boudon avec la valeur $r = 155.60(1)\,\text{pm}$ [10].

À propos de la dégénérescence des modes normaux

La symétrie sphérique de l'oscillateur harmonique à trois dimensions facilite sa représentation dans une description cartésienne, associée aux trois nombres quantiques n_x, n_y, n_z. Cette représentation est adéquate dans le cas idéalisé d'une absence de couplage entre les trois modes. Dans la réalité physique, les couplages entre modes lèvent la dégénérescence entre états excités tels que $n > 1$ (où $n = n_x + n_y + n_z$). Pour un oscillateur bidimensionnel, la dégénérescence du n-ième état excité est :

$$g_2(n) = n + 1 \tag{1}$$

Le nombre d'états dégénérés pour un oscillateur tridimensionnel dans son n-ième état excité est [11] :

$$g_3(n) = \frac{(n+2)(n+1)}{2} \tag{2}$$

Très généralement, pour un oscillateur à d dimensions, la dégénérescence du n-ième état excité est :

$$g_d(n) = \frac{(n+d-1)!}{(d-1)!\,n!} \tag{3}$$

Bibliographie

[1] Adolf Smekal. Zur quantentheorie der dispersion. *Naturwissenschaften*, 11(43) : 873–875, 1923.

[2] G. Landsberg and L. Mandelstam. Eine neue erscheinung bei der lichtzerstreuung in krystallen. *Naturwissenschaften*, 16(28) :557–558, 1928.

[3] C.V. Raman. A new radiation. *Indian Journal of Physics*, 2 :387–398, 1928.

[4] R. S. McDowell, C. W. Patterson, and W. G. Harter. The modern revolution in infrared spectroscopy. *LOS ALAMOS SCIENCE*, 3, WINTER/SPRING 1982.

[5] Working Group I. Climate change 2007 : The physical science basis. Technical report, Intergovernmental Panel on Climate Change (IPCC), 2007.

[6] Michael Berglund and Michael E. Wieser. *Pure and Applied Chemistry*, 83 :397–410, 2011.

[7] Jr. E. Bright Wilson, J.C. Decius, and Paul C. Cross. *Molecular Vibrations : The Theory of Infrared and Raman Vibrational Spectra*. Dover, 1955.

[8] Chris W. Patterson, Burton J. Krohn, and A.S. Pine. Interacting band analysis of the high-resolution spectrum of the $3\nu_3$ manifold of SF_6. *Journal of Molecular Spectroscopy*, 88(1) :133 – 166, 1981.

[9] V. Boudon, L. Manceron, F. Kwabia Tchana, M. Loete, L. Lago, and P. Roy. Resolving the forbidden band of SF_6. *Phys. Chem. Chem. Phys.*, 16 :1415–1423, 2014.

[10] V. Boudon, J.L. Doménech, D. Bermejo, and H. Willner. High-resolution raman spectroscopy of the ν_1 region and Raman–Raman double resonance spectroscopy of the $2\nu_1 - \nu_1$ $^{32}SF_6$ and $^{34}SF_6$. determination of the equilibrium bond length of sulfur hexafluoride. *Journal of Molecular Spectroscopy*, 228(2) :392 – 400, 2004.

[11] C. Cohen-Tannoudji, B. Diu, and F. Laloë. *Mécanique quantique Tome 1*. Collection Enseignement des sciences. Hermann, 1988.

Chapitre 1

Diffusion Raman vibrationnelle

Sommaire

Introduction		9
	Résumé du chapitre	9
	Cadre théorique	9
1.1	**Tenseur de polarisabilité**	**11**
	1.1.1 Configuration horizontale	12
	1.1.2 Configuration verticale	13
1.2	**Polarisabilité moléculaire et modes normaux de vibrations**	**14**
	1.2.1 Développement en série de Taylor de la polarisabilité	14
	1.2.2 Élément de matrice vibrationnel	15
	1.2.3 Transformation de contact et corrections anharmoniques	17
	1.2.4 Champ de force anharmonique ; l'acétylène et ses isotopologues	19
1.3	**Considérations de symétrie**	**22**
	1.3.1 Introduction	22
	1.3.2 Symétrie d'un oscillateur harmonique	22
	1.3.3 Dérivées du tenseur de polarisabilité	25
1.4	**Moments d'ordre zéro des harmoniques du SF_6**	**29**
	1.4.1 Dénombrement des états finaux	29
	1.4.2 Contributions respectives des tenseurs irréductibles	30
	1.4.3 Sommation sur les états initiaux	32
	1.4.4 Moments d'ordre zéro	34
Conclusion et perspectives		**35**

Introduction

Résumé du chapitre

Dans ce chapitre, nous commençons par étudier les propriétés générales de la diffusion par les molécules, dans le cadre de la théorie de Plackzek (diffusion Raman vibrationnelle). Cette théorie ne s'applique qu'aux molécules dont la configuration électronique est non dégénéré, ce qui est le cas du SF_6 (molécule à couches électroniques fermées). Nous relions les invariants du tenseur moléculaire de la polarisabilité aux intensités observées dans le repère du laboratoire, une procédure qui traduit les invariants de la polarisabilité moléculaire en quantités observables. Cette procédure est importante car elle permet de faire le lien entre les propriétés moléculaires intrinsèques et l'observation expérimentale.

Nous établirons ensuite quelques résultats connus sur les propriétés de l'élément de matrice vibrationnel à partir des règles de sélections issues des propriétés de l'oscillateur harmonique quantique. Ces considérations seront complétées par la description du champ de force anharmonique de la molécule et les effets d'anharmonicité du champ de force sur le tenseur de diffusion Raman étudiés par le biais d'une méthode perturbative connue sous le nom de transformation de contact. Par la suite, des généralités seront données concernant les propriétés de symétrie des coordonnées normales et la détermination de la décomposition en tenseurs irréductibles d'un mode vibrationnel quelconque. Nous étudierons alors les propriétés de symétrie du tenseur de polarisabilité d'un mode triplement dégénéré. Ces propriétés de symétrie peuvent s'appliquer aux harmoniques des modes ν_3, ν_4, ν_5 et ν_6 de la molécule de SF_6 ainsi qu'à tout mode de vibration triplement dégénéré d'une molécule quelconque. Le méthane par exemple possède deux modes triplement dégénérés pour lesquels ces relations sont directement transposables.

Finalement, les expressions des moments d'ordre zéro isotrope et anisotrope pour l'harmonique d'un des modes triplement dégénéré d'une molécule octaédrique seront données en fonction des dérivées partielles du tenseur de polarisabilité et corrigées d'un facteur dépendant de la température.

Cadre théorique

Processus de diffusion Raman

La diffusion inélastique de la lumière est un processus dans lequel la lumière incidente est diffusée avec un changement de fréquence. Dans le temps de l'interaction du faisceau avec la molécule, l'absorption du photon par la molécule la place sur ce que l'on appelle des niveaux virtuels, dont la durée de vie est très courte. Ceci peut être expliqué par la relation d'incertitude d'Heisenberg. Cette dernière peut s'écrire $\Delta E \Delta t \geq \hbar$. Ainsi, sur le temps de l'interaction, toutes les valeurs de l'énergie sont permises pour peu que Δt soit suffisament petit. Ce processus est schématisé sur la figure 1.1.

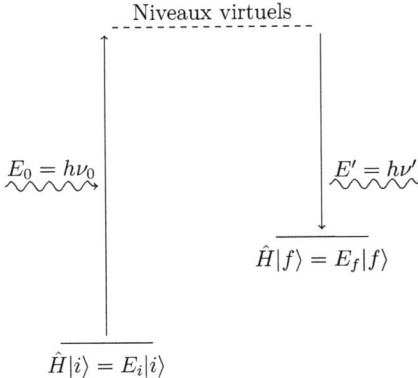

FIG. 1.1 : Processus d'absorption d'un photon d'énergie E_0, suivie presque « instantanément » de la création d'un photon d'énergie E'. On a $E - E' = (E_f - E_i)$ qui est une signature caractéristique du milieu investigué. En effet, cette différence d'énergie signale la différence entre deux niveaux discrets d'une même molécule ou au sein d'un matériau donné.

Cependant, une description totalement quantique de l'effet Raman n'est pas la plus utilisée. Ce processus est le plus souvent étudié d'un point de vue semi-classique. Cela revient à considérer le flux de photons incident comme une onde monochromatique classique. En effet, cela est justifié car le nombre de photons dans le faisceau laser est très grand, et ainsi la représentation classique du champ électromagnétique est adéquate [1]. C'est donc sur la représentation semi-classique que nous allons nous appuyer dans le texte qui suit.

Hypothèse de travail et approximations

Les conditions de validité de la théorie de Placzek (l'état fondamental de la molécule est non dégénéré et la longueur d'onde excitatrice est très supérieure à la dimension de la molécule) sont respectées. Cette théorie permet d'étudier plus simplement l'effet Raman en éliminant les contributions des états électroniques au tenseur de diffusion. Ainsi, cette théorie permet de voir simplement la diffusion Raman des molécules comme un processus mettant en jeu uniquement le mouvement des noyaux et les propriétés de déformation du nuage électronique associées. D'autre part, les transitions sont systématiquement étudiées hors résonance, c'est à dire que la fréquence excitatrice est très supérieure aux fréquences des transitions étudiées. En conséquence, la composante anti-symétrique du tenseur de polarisabilité est négligée. La fréquence du laser est suffisamment éloignée des fréquences électroniques pour éviter toute fluorescence.

1.1 Tenseur de polarisabilité

Le champ électrique de l'onde monochromatique associée au laser est noté $\vec{E}$. C'est le champ électrique classique oscillant à la fréquence ω_0. On abandonne délibérément la notation de dépendance temporelle car on admet que l'onde est purement monochromatique. La polarisabilité de la molécule (qui est une mesure du déplacement des électrons sous l'effet d'un champ électrique) s'exprime comme un tenseur de rang deux que l'on note $\hat{\alpha}$. Le champ électrique induit dans ce cas un moment dipolaire que l'on note usuellement $\vec{\mu}$. La formule générale de laquelle on déduit le moment dipolaire est la suivante :

$$\vec{\mu} = \hat{\alpha}\vec{E} \tag{1.1}$$

Ce moment dipolaire correspond à celui d'une molécule isolée. Les axes x, y et z sont fixes dans le repère du laboratoire. Par convention, l'axe de propagation du faisceau est l'axe z. L'axe y est perpendiculaire au plan de diffusion et l'axe x correspond à la direction d'observation (figure 1.2). Cette convention sera observée tout au long de ce travail. En conséquence, le moment dipolaire d'une molécule se développe comme suit :

$$\vec{\mu} = \begin{pmatrix} \alpha_{xx}E_x + \alpha_{xy}E_y + \alpha_{xz}E_z \\ \alpha_{yx}E_x + \alpha_{yy}E_y + \alpha_{yz}E_z \\ \alpha_{zx}E_x + \alpha_{zy}E_y + \alpha_{zz}E_z \end{pmatrix} \tag{1.2}$$

Dans le repère du laboratoire, la lumière incidente est polarisée linéairement, soit perpendiculairement au plan de diffusion ($\perp$), soit parallèlement au plan de diffusion ($\parallel$). Un schéma des axes dans le référentiel du laboratoire est donné à la figure 1.2. Dans ce qui

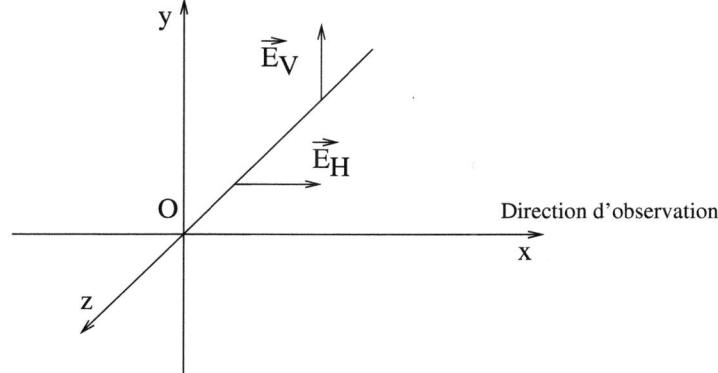

FIG. 1.2 : Schéma des axes dans le plan du laboratoire. Le plan xOz est le plan de diffusion. L'axe z est l'axe de propagation du faisceau laser.

suit, nous allons établir les expressions des sections efficaces associées aux configurations respectivement horizontales et verticales, dans le cas d'un faisceau diffusé d'ouverture nulle ou négligeable.

1.1.1 Configuration horizontale

Dans ce cas, d'après la figure 1.2, les composantes E_y et E_z du champ électrique incident sont nulles, puisque $\vec{E}_H = E_H \vec{u}_x$, $\vec{u}_x$ étant le vecteur unitaire porté par l'axe Ox. Les composantes cartésiennes du moment dipolaire sont donc :

$$\mu_i = \alpha_{ix} E_x \tag{1.3}$$

La polarisation d'un photon est toujours orthogonale à sa direction de propagation. Ainsi, si l'on observe la lumière diffusée dans la direction de l'axe x, les seules polarisations permises pour la lumière diffusée sont orientées suivant les axes y et z (dans le cas d'une ouverture angulaire nulle). L'intensité rayonnée par un dipôle oscillant est donc [2, chap. 3] :

$$I\left(\theta = \frac{\pi}{2}, \parallel\right) = I_0 \left(\frac{2\pi}{\lambda_s}\right)^4 \left(\langle \alpha_{xz}^2 \rangle + \langle \alpha_{xy}^2 \rangle\right) \tag{1.4}$$

Dans le cas d'une molécule fixe, l'expression précédente est valide sans les chevrons. Cependant, elles ont une orientation aléatoire dans le gaz, et il est nécessaire de réaliser un moyennage isotropique pour obtenir les intensités [3, chapitre 3]. Dans le paragraphe suivant, nous détaillons l'obtention de la section efficace en fonction des invariants du tenseur de polarisabilité moléculaire.

Moyennage spatiale des polarisabilités moléculaires

Ces résultats sont importants pour comprendre comment, à partir des études expérimentales réalisées, on remonte aux invariants du tenseur de polarisabilité notés α^2 et β^2. On réalise ce moyennage par l'utilisation des cosinus des angles formés par les axes de deux repères orthonormés d'origine commune. Ces cosinus sont notés $l_{x\alpha}$, qui correspondent au cosinus de l'angle formé entre l'axe x et l'axe du repère cartésien orienté noté α ($\alpha \in (x,y,z)$). Par la suite, on fait la correspondance $l_{x\alpha} \to i_\alpha$, $l_{y\alpha} \to j_\alpha$, $l_{z\alpha} \to k_\alpha$. Ainsi, le moyennage spatial de α_{xy} par rapport à un ensemble d'axes arbitraires notés $(\alpha, \beta, \gamma, \delta)$ s'écrit :

$$\langle \alpha_{xy} \alpha_{xy} \rangle = \langle i_\alpha j_\beta i_\gamma j_\delta \rangle \alpha_{\alpha\beta} \alpha_{\gamma\delta} \tag{1.5}$$

Le résultat d'un tel moyennage est en général, pour un tenseur d'ordre quatre noté $\delta_{\alpha\beta} \delta_{\gamma\delta}$ [3, chapitre 4] :

$$\langle i_\alpha j_\beta i_\gamma j_\delta \rangle = \frac{1}{30} \left(4 \delta_{\alpha\beta} \delta_{\gamma\delta} - \delta_{\alpha\gamma} \delta_{\beta\gamma} - \delta_{\alpha\beta} \delta_{\beta\gamma}\right) \tag{1.6}$$

Comme nous étudions la même composante, élevée au carré, du tenseur de polarisabilité, on peut poser $\alpha = \gamma$ et $\beta = \delta$. On obtient ainsi :

$$\langle \alpha_{xy} \alpha_{xy} \rangle = \frac{1}{30} \left(3\alpha_{\alpha\beta}\alpha_{\alpha\beta} - \alpha_{\alpha\alpha}\alpha_{\beta\beta} \right) \tag{1.7}$$

D'autre part, l'un des deux invariants du tenseur de polarisabilité, aussi appelé anisotropie et noté β, a la forme suivante :

$$\beta^2 = \frac{1}{2}(3\alpha_{\alpha\beta}\alpha_{\alpha\beta} - \alpha_{\alpha\alpha}\alpha_{\beta\beta}) \tag{1.8}$$

Par ailleurs, on a naturellement $\langle \alpha_{yz}\alpha_{yz} \rangle = \langle \alpha_{xy}\alpha_{xy} \rangle = \langle \alpha_{xz}\alpha_{xz} \rangle$. D'où finalement l'expression de l'intensité diffusée en configuration horizontale À l'invariant de tenseur β^2 :

$$I\left(\theta = \frac{\pi}{2}, \|\right) = I_0 \left(\frac{2\pi}{\lambda_s}\right)^4 \frac{2\beta^2}{15} \tag{1.9}$$

La notation $\theta = \frac{\pi}{2}$ correspond à une observation réalisée à 90° du faisceau incident.

1.1.2 Configuration verticale

Dans ce cas, d'après la figure 1.2, les composantes E_x et E_z du champ électrique sont nulles. Le moment dipolaire induit est donc noté :

$$\mu_i = \alpha_{iy} E_y \tag{1.10}$$

dans le repère du laboratoire. De même que précédemment, les composantes de la lumière polarisée selon l'axe x du repère du laboratoire n'atteignent pas la fente d'entrée du spectromètre. L'intensité observée est donc proportionnelle au champ électrique incident de telle façon que :

$$I(\theta = \pi/2, \perp) = I_0 \left(\frac{2\pi}{\lambda_s}\right)^4 \left(\langle \alpha_{zy}^2 \rangle + \langle \alpha_{yy}^2 \rangle \right) \tag{1.11}$$

La valeur de $\langle \alpha_{xy}^2 \rangle$ a déjà été calculée. Il nous reste à calculer $\langle \alpha_{yy}^2 \rangle$. Pour cela, on a besoin de l'invariant de tenseur $\langle i_\alpha i_\beta i_\gamma i_\delta \rangle = \frac{1}{15} \left(\delta_{\alpha\beta}\delta_{\gamma\delta} + \delta_{\alpha\gamma}\delta_{\beta\delta} + \delta_{\alpha\delta}\delta_{\gamma\beta} \right)$. De même, remplaçant γ par α et δ par β dans les indices de cet invariant, nous aboutissons à :

$$\langle \alpha_{yy}^2 \rangle = \frac{1}{15} \left(\alpha_{\alpha\alpha}\alpha_{\beta\beta} + 2\alpha_{\alpha\beta}\alpha_{\alpha\beta} \right) = \frac{1}{15} \left(\alpha_{\alpha\alpha} \right) \tag{1.12}$$

L'invariant de tenseur connu comme l'isotropie du tenseur de polarisabilité (ou polarisabilité scalaire) est [3] :

$$\alpha^2 = \frac{1}{9} \alpha_{\alpha\alpha}\alpha_{\beta\beta} \tag{1.13}$$

En fonction de l'isotropie et de l'anisotropie (équation 1.8),

$$\langle \alpha_{yy}^2 \rangle = \alpha^2 + \frac{4}{45}\beta^2 \tag{1.14}$$

Et on aboutit à

$$I(\theta = \frac{\pi}{2}, \perp) = I_0 \left(\frac{2\pi}{\lambda_s}\right)^4 \left(\alpha^2 + \frac{7}{45}\beta^2\right) \tag{1.15}$$

On peut montrer alternativement que l'invariant $(\alpha)^2$ correspond au moyennage isotropique de la trace du tenseur de polarisabilité $\text{Tr}(\hat{\alpha})$ élevée au carré. Cette dernière considération est très utile lorsque nous étudions uniquement la partie isotrope du tenseur de polarisabilité.

1.2 Polarisabilité moléculaire et modes normaux de vibrations

1.2.1 Développement en série de Taylor de la polarisabilité

On admet l'existence de coordonnées normales pour la vibration d'une molécule, c'est à dire des modes normaux de vibration. Qui plus est, ces coordonnées sont données sous forme réduite, c'est à dire qu'elles sont sans dimension. En général, le nombre de modes normaux est $3N-6$ pour une molécule polyatomique ($3N-5$ pour une molécule linéaire). Une molécule telle que le SF_6 a ainsi 15 modes normaux de vibration. Cependant, certains sont dégénérés. On peut procéder de deux façons pour prendre en compte cette dégénérescence. La première est d'écrire le développement le long des quinze coordonnées normales et de sélectionner les dérivées partielles dont la contribution est effective au spectre de la molécule. La seconde est d'écrire le développement le long des six modes normaux de vibration puis de prendre en compte la dégénérescence *a posteriori*. La première méthode a l'avantage d'être plus générale et systématique. Le développement en série de Taylor s'exprime de la manière suivante :

$$\alpha_{\rho\sigma}(\vec{q}) = \alpha_{\rho\sigma}(\vec{0}) + \sum_k^n \left(\frac{\partial \alpha_{\rho\sigma}}{\partial \hat{q}_k}\right)_0 \hat{q}_k + \frac{1}{2!}\sum_{k,l}^n \left(\frac{\partial^2 \alpha_{\rho\sigma}}{\partial \hat{q}_k \partial \hat{q}_l}\right)_0 \hat{q}_k \hat{q}_l + \cdots \tag{1.16}$$

où $\vec{q} = (\hat{q}_1, \cdots, \hat{q}_n)$ correspond aux n modes normaux de la molécule étudiée. Le vecteur $\vec{0}$ correspond ici à la molécule en équilibre (minimum de la surface de potentiel) et $\alpha_{\rho\sigma}(\vec{0})$ correspond au tenseur de polarisabilité Rayleigh de la molécule. Le tenseur de polarisabilité Rayleigh possède les mêmes propriétés de symétrie que la molécule correspondante. En général, un tel tenseur est exprimé dans le repère des axes propres de la molécules qui correspond également aux axes propres de l'ellipsoïde de polarisabilité.

1.2.2 Élément de matrice vibrationnel

L'équation 1.16 fournit une description analytique de la polarisabilité en fonction des coordonnées normales de la molécule. Cette équation ne s'applique cependant que dans la théorie de Plackzek, pour laquelle les états électroniques du systèmes sont supposés non dégénérés. D'autre part, la théorie de Born-Oppenheimer s'applique ; elle suppose que seuls les électrons subissent le déplacement imposé par le champ électrique du laser. Ainsi, l'intensité d'une bande de transition est associée aux dérivées de la polarisabilité par rapport aux coordonnées normales de ce mode. Ceci s'applique dans le cadre de la théorie de l'oscillateur harmonique. La molécule est ainsi décrite par un espace de Fock construit sur la base des fonctions de l'oscillateur harmonique associé aux quinze modes normaux (découplés) de la molécule.

Coordonnées réduites et seconde quantification

L'oscillateur harmonique quantique est un modèle simple mais dont la portée est très importante pour la physique moderne. En particulier, le développement de l'hamiltonien en opérateurs de création et d'annihilation conduit au formalisme dit de la « seconde quantification », sur lequel est basé la théorie quantique des champs. L'hamiltonien de l'oscillateur harmonique quantique à une dimension est :

$$\hat{H} = \hbar\omega \left(\hat{P}^2 \frac{1}{2\mu\hbar\omega} + \hat{X}^2 \frac{\mu\omega}{2\hbar} \right) \tag{1.17}$$

Cet hamiltonien peut s'écrire sous forme normalisée (divisé par $\hbar\omega$) comme suit :

$$\frac{\hat{H}}{\hbar\omega} = \left(\frac{\hat{q} - i\hat{p}}{\sqrt{2}} \right) \left(\frac{\hat{q} + i\hat{p}}{\sqrt{2}} \right) - \frac{i}{2}[\hat{q}, \hat{p}] \tag{1.18}$$

où les opérateurs $\hat{q}$ et $\hat{p}$ sont respectivement les opérateurs de position et d'impulsion sous forme réduite (sans dimension), obtenus d'après les relations suivantes :

$$\hat{p} = \frac{\hat{P}}{\sqrt{\mu\hbar\omega}} \qquad \hat{q} = \hat{X}\sqrt{\frac{\mu\omega}{\hbar}} \tag{1.19}$$

On introduit ainsi les opérateurs de création et d'annihilation, qui sont des combinaisons linéaires des opérateurs impulsion et position :

$$\hat{a} = \frac{\hat{q} + i\hat{p}}{\sqrt{2}} \qquad \hat{a}^\dagger = \frac{\hat{q} - i\hat{p}}{\sqrt{2}} \tag{1.20}$$

Remarquons que ces deux opérateurs sont conjugués l'un de l'autre. Par ailleurs ils sont non-hermitiques. La transformation inverse d'obtention des opérateurs position et impulsion à partir des opérateurs de création et d'annihilation s'écrit :

$$\hat{q} = \frac{1}{\sqrt{2}}\left(\hat{a} + \hat{a}^\dagger\right) \quad \hat{p} = \frac{i}{\sqrt{2}}\left(\hat{a} - \hat{a}^\dagger\right) \tag{1.21}$$

L'hamiltonien s'écrit ainsi, en termes d'opérateurs de création et d'annihilation :

$$\hat{H} = \hbar\omega\left(\hat{a}^\dagger\hat{a} + \frac{1}{2}\right) = \hbar\omega\left(\hat{\mathbb{N}} + \frac{1}{2}\hat{\mathbb{I}}\right) \tag{1.22}$$

L'opérateur $\hat{\mathbb{N}} = \hat{a}^\dagger\hat{a}$ dénombre les photons d'un état quantique dans un espace de Fock et $\hat{\mathbb{I}}$ est l'opérateur identité. Le sujet de la seconde quantification est traité plus en profondeur dans de nombreux textes de physique. Le lecteur intéressé pourra se tourner par exemple vers les références [4, 5] pour plus de détails.

Application à l'élément de matrice de la polarisabilité

L'élément de matrice d'une bande de transition donnée est obtenue en considérant les état finaux et initiaux de la transition.

$$\alpha_{\rho\sigma}(i \to f) = \langle i|\alpha_{\rho\sigma}(\vec{q})|f\rangle \tag{1.23}$$

À titre d'illustration, nous calculons l'élément de matrice de la transition vibrationnelle d'un système monodimensionnel. L'état initial est l'état fondamental $\langle 0|$ et l'état final est le premier état excité $|1\rangle$. Dans ce cas, il nous faut identifier les termes du développement de l'équation 1.16 qui contribuent à cette transition. Ceux-ci sont donnés ci-dessous :

$$\langle 0|a|1\rangle = \langle 1|1\rangle = 1 \;,\; \langle 0|aaa^\dagger|1\rangle = 2 \;,\; \langle 0|aa^\dagger a|1\rangle = 1 \;,\; \langle 0|aaaa^\dagger a^\dagger|1\rangle = 6$$
$$\langle 0|aaa^\dagger aa^\dagger|1\rangle = 4 \;,\; 0|aaa^\dagger a^\dagger a|1\rangle = 2 \;,\; \langle 0|aa^\dagger aaa^\dagger|1\rangle = 2 \;,\; \langle 0|aa^\dagger aa^\dagger a|1\rangle = 1, \text{ etc.}$$

Les termes faisant apparaître respectivement trois et cinq opérateurs dans l'équation précédente correspondent aux dérivées de la polarisabilité d'ordre trois et cinq. En pratique, ces dérivées sont considérées comme négligeables, car de plusieurs ordres de grandeur inférieures à la dérivée première. Ceci est vrai en spectroscopie Raman, mais également en spectroscopie vibrationnelle infrarouge, qui utilise un formalisme identique, le tenseur de polarisabilité étant remplacé par le moment dipolaire $\vec{\mu}$. L'élément de matrice final pour cet oscillateur harmonique quantique s'écrit enfin :

$$\alpha_{\rho\sigma}(0 \to 1) = \langle 0|\alpha_{\rho\sigma}(\hat{q})|1\rangle = \left(\frac{\partial \alpha_{\rho\sigma}}{\partial \hat{q}}\right)_0 \left\langle 0\left|\frac{\hat{a}+\hat{a}^\dagger}{\sqrt{2}}\right|1\right\rangle = \frac{1}{\sqrt{2}}\left(\frac{\partial \alpha_{\rho\sigma}}{\partial \hat{q}}\right)_0 \tag{1.24}$$

Mass-weighted coordinates

Elles permettent de simplifier le développement de l'équation 1.16 en opérateurs de création et d'annihilation. Elles correspondent aux coordonnées normales, en terme de distance à la position d'équilibre, pondérées par la racine carrée de la masse réduite de l'oscillateur :

$$\hat{Q} = \sqrt{\mu}\hat{x} = b\left(\hat{a}^\dagger + \hat{a}\right) \tag{1.25}$$

Où b est appelée l'amplitude de point zéro de la transition et vaut [6] :

$$b = \sqrt{\frac{\hbar}{2\omega}} \tag{1.26}$$

Dans cette dernière expression, ω est la pulsation de l'oscillateur en rad·s^{-1} et $\hbar$ est la constante de Planck sous forme réduite. La correspondance entre les deux systèmes s'obtient à l'aide de la relation suivante :

$$\hat{q} = \sqrt{\frac{\hbar}{\omega}}\hat{Q} = \frac{\hat{Q}}{b\sqrt{2}} \tag{1.27}$$

L'emploi de ces coordonnées simplifie l'expression de l'élément de matrice, de sorte que seuls les opérateurs de création et d'annihilation interviennent dans le calcul de l'élément de matrice. Les facteurs b sont alors des termes scalaires qui peuvent être isolées du produit hermitique entre les états initial et final de la transition étudiée. Par exemple, l'utilisation des coordonnées pondérées par la racine carrée de la masse permet d'obtenir directement l'élément de matrice comme étant :

$$\alpha_{\rho\sigma}(0 \to 1) = b\left(\frac{\partial \alpha_{\rho\sigma}}{\partial \hat{Q}}\right)_0 \tag{1.28}$$

1.2.3 Transformation de contact et corrections anharmoniques

Champ de force anharmonique

Le développement en série de Taylor de la polarisabilité en fonction des coordonnées normales internes à la molécule, ainsi que les règles de sélection qui en découlent, s'appliquent à la molécule dont l'hamiltonien vibrationnel est diagonalisé sur la base des fonctions de l'oscillateur harmonique. Ceci implique que les couplages sont strictement harmoniques au sein de la molécule, ce qui n'est pas représentatif de la réalité. D'autres potentiels effectifs peuvent être utilisés, comme par exemple le potentiel de Morse ou le potentiel de Lennard-Jones. Bien que ces potentiels soient dans certaines situations plus proches de la réalité physique, ils ne sont pas nécessairement exacts et nécessitent un ajustement empirique des paramètres qui les définissent. Dans le cas le plus général, le champ de force interne à la molécule peut être développé en série de Taylor par rapport aux coordonnées normales [7]. Ce développement est donné à l'ordre trois ci-dessous :

$$V(\vec{q}) = V_0 + \frac{1}{2}\sum_i^n \omega_i \hat{q}_i^2 + \frac{1}{3!}\sum_{ijk}^n \phi^{ijk}\hat{q}_i\hat{q}_j\hat{q}_k + \cdots \tag{1.29}$$

Dans ce développement, n est le nombre de coordonnées normales de la molécule. Les constantes de force ϕ^{klm} sont les constantes de force cubique dans le développement du champ de force de l'équation 1.29. La connaissance du champ de force anharmonique est un des problèmes fondamentaux de la physique moléculaire. On peut citer à titre d'exemple l'étude de Hoy et Mills du champ de force anharmonique de la molécule SF_6 [8].

Transformation de contact

Comme on l'a vu dans la section 1.2.2, les règles de sélection dépendent de l'utilisation des opérateurs de création et d'annihilation appliquées aux fonctions d'onde de l'oscillateur harmonique. Une description réaliste des états excités de la molécule implique cependant de développer ces états sur la base des fonctions d'onde de l'oscillateur harmonique, ce qui rend le traitement des transitions vibrationnelles beaucoup plus complexe. Une méthode très utilisée en spectroscopie moléculaire est la transformation de contact [6, 9, 10] qui, s'appliquant au tenseur de polarisabilité, permet de séparer de manière perturbative les contributions « harmoniques » des contributions anharmoniques de la polarisabilité. Cette transformation s'effectue via l'opérateur T agissant de la manière suivante :

$$\left\langle \Psi_i^{\text{anh}} | \hat{\alpha} | \Psi_f^{\text{anh}} \right\rangle = \left\langle \Psi_i^{\text{har}} | T\hat{\alpha}T^{-1} | \Psi_f^{\text{har}} \right\rangle = \left\langle \Psi_i^{\text{har}} | \hat{\alpha}' | \Psi_f^{\text{har}} \right\rangle \tag{1.30}$$

La référence [7] décrit plus en détail le procédé perturbatif d'obtention de T. De la sorte, le tenseur de polarisabilité $\hat{\alpha}' = T\hat{\alpha}T^{-1}$ peut a nouveau être développé en série de Taylor le long des coordonnées normales et les règles de sélection basées sur les propriétés de l'oscillateur harmonique s'appliquent. Les corrections anharmoniques sont ensuite appliquées *a posteriori* en fonction des constantes d'anharmonicité connues.

Dérivées anharmoniques des modes binaires

Des formules connues [6] permettent d'appliquer les corrections pour les modes binaires. Un exemple d'application de ces formules peut être trouvé dans la référence [10]. Pour les harmoniques d'ordre deux, la correction anharmonique par les constantes cubiques est ainsi :

$$\left(\frac{\partial^2 \hat{\alpha}}{\partial q_l^2}\right)_{\text{anh}} = \left(\frac{\partial^2 \hat{\alpha}}{\partial q_l^2}\right)_{\text{har}} + \frac{1}{3}\frac{\phi^{lll}}{\omega_l}\left(\frac{\partial \hat{\alpha}}{\partial q_l}\right)_{\text{har}} + \sum_{m \neq l}\frac{\phi^{llm}\omega_m}{4\omega_l^2 - \omega_m^2}\left(\frac{\partial \hat{\alpha}}{\partial q_m}\right)_{\text{har}} \tag{1.31}$$

Pour les bandes de combinaison binaires (somme de deux fondamentales), la formule est :

$$\left(\frac{\partial^2 \hat{\alpha}}{\partial q_k \partial q_l}\right)_{\text{anh}} = \left(\frac{\partial^2 \hat{\alpha}}{\partial q_k \partial q_l}\right)_{\text{har}} + \frac{\phi^{kkl}\omega_k}{\omega_l(2\omega_k+\omega_l)}\left(\frac{\partial \hat{\alpha}}{\partial q_k}\right)_{\text{har}}$$
$$+ \frac{\phi^{llk}\omega_l}{\omega_k(2\omega_l+\omega_k)}\left(\frac{\partial \hat{\alpha}}{\partial q_l}\right)_{\text{har}} + \sum_{m\neq k,l}\frac{\phi^{lkm}\omega_m}{(\omega_k+\omega_l)^2-\omega_m^2}\left(\frac{\partial \hat{\alpha}}{\partial q_m}\right)_{\text{har}} \quad (1.32)$$

Pour les bandes de différence binaires, la correction anharmonique s'exprime comme :

$$\left(\frac{\partial^2 \hat{\alpha}}{\partial q_k \partial q_l}\right)_{\text{anh}} = \left(\frac{\partial^2 \hat{\alpha}}{\partial q_k \partial q_l}\right)_{\text{har}} + \frac{\phi^{kkl}\omega_k}{\omega_l(2\omega_k-\omega_l)}\left(\frac{\partial \hat{\alpha}}{\partial q_k}\right)_{\text{har}}$$
$$+ \frac{\phi^{llk}\omega_l}{\omega_k(2\omega_l-\omega_k)}\left(\frac{\partial \hat{\alpha}}{\partial q_l}\right)_{\text{har}} + \sum_{m\neq k,l}\frac{\phi^{lkm}\omega_m}{(\omega_k-\omega_l)^2-\omega_m^2}\left(\frac{\partial \hat{\alpha}}{\partial q_m}\right)_{\text{har}} \quad (1.33)$$

Les constantes cubiques ϕ^{klm} sont identiques à celles données à l'équation 1.29.

1.2.4 Champ de force anharmonique ; l'acétylène et ses isotopologues

Le développement de l'équation 1.29 n'est pas unique, on peut trouver dans la littérature une convention différente qui élimine la répétition sur les indices identiques [8]. Dans la définition utilisée tout au long de cette thèse, les constantes d'anharmonicité émergent naturellement si l'on dérive numériquement (par une méthode de différences finies) le champ de force afin de remonter aux constantes souhaitées. Des travaux théoriques récents [9] ont été produit à partir d'une confusion entre les deux formulations du développement du champ de force. Nous avons ainsi soumis à la revue *International Journal of Quantum Chemistry* un *comment* pointant cette erreur [11]. Les auteurs ont rapidement répondu avec une rectification de leurs résultats [12]. Précisons que ces travaux portent exclusivement sur l'acétylène (C_2H_2) et ses isotopologues (C_2HD et C_2D_2).

La comparaison des résultats avant [9] et après correction [12] montre que l'application des constantes cubiques appropriées réduit drastiquement la déviation du calcul théorique avec les sections efficaces expérimentales [13]. En particulier, le calcul de Vidal et Vazquez ([12]) utilisant la base CCSD(T)/aug-cc-pVTZ semble donner les résultats les plus proches de l'expérience si les bonnes constantes cubiques de couplage sont utilisées.

On a pu ainsi constater que les sections efficaces de diffusion Raman des bandes fondamentales dépendent très faiblement des constantes d'anharmonicité en comparaison avec les harmoniques et les modes de combinaison. Une comparaison des résultats théoriques avec les sections efficaces expérimentales issues de la publication [13] peut être trouvée dans le tableau 1.1.

Concernant la nomenclature des bandes, nous suivons la convention des références [9,

 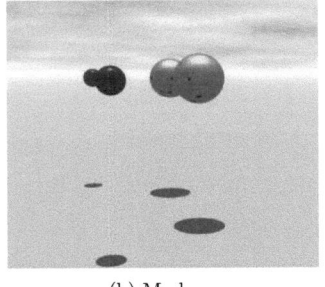

(a) Mode ν_4. (b) Mode ν_5.

FIG. 1.3 : Modes de pliage ν_4 (symétrique) et ν_5 (antisymétrique) de la molécule C_2H_2. Les ombres portées correspondent aux projections de la position des atomes dans le plan de la molécule.

12, 13]. Dans ce cas, les modes $\nu_1 = 3374\,\text{cm}^{-1}$ et $\nu_2 = 1974\,\text{cm}^{-1}$ sont les deux modes d'étirement symétrique, actifs en spectroscopie Raman. Le mode $\nu_4 = 624\,\text{cm}^{-1}$ est un mode de pliage actif en spectroscopie Raman. Les modes $\nu_3 = 3415\,\text{cm}^{-1}$ et $\nu_5 = 746.7\,\text{cm}^{-1}$ sont des modes antisymétriques, actifs en infrarouge, correspondant respectivement à l'étirement dans l'axe de la molécule et au pliage dans le plan de la molécule. La fréquence des modes de vibration antisymétrique est issue de la référence [14], la fréquence des modes de vibration symétrique est issue de la référence [13]. Seuls les modes de pliage sont doublement dégénérés.

Transition		ν_1	ν_2	ν_4
C_2H_2	CCT	747.8	2961.4	726.8
	SM	758.6	2974.3	733.1
	Exp.	807(160)	3365(350)	513(170)
C_2D_2	CCT	924×10^{-1}	3243.4	1359.4
	SM	953×10^{-1}	3245.2	1364.2
	Exp.	$1085(210) \times 10^{-1}$	$369(57) \times 10^1$	$133(23) \times 10^1$
C_2HD	CCT	412.6	3091.3	993.3
	SM	421.8	3087.6	998.5
	Exp.	441(90)	3501(550)	951(200)

(a) Sections efficaces expérimentales et théoriques des modes fondamentaux.

Transition		$2\nu_1$	$2\nu_2$	$2\nu_3$	$2\nu_4$	$2\nu_5$
C_2H_2	CCT	0.0	1.1	0.1	50.8	2.2
	SM	0.0	1.1	0.1	70.5	1.3
	Exp.		≤ 4		51(9)	$55(45) \times 10^{-1}$
C_2D_2	CCT	0.1	1.2	0.0	39.0	1.5
	SM	0.1	1.1	0.0	47.4	1.8
	Exp.		≤ 5.4		$(2\nu_4 + 2\nu_5) = 43(8)$	
C_2HD	CCT	0.1	0.8	0.0	26.7	3.0
	SM	0.0	0.9	0.0	34.7	5.0
	Exp.		≤ 8.5		11.3 ± 6.4	1.8(9)

(b) Sections efficaces expérimentales et théoriques des harmoniques.

Transition		$\nu_1 + \nu_2$	$\nu_1 + \nu_4$	$\nu_2 + \nu_4$	$\nu_3 + \nu_5$
C_2H_2	CCT	0.2	19.0	0.1	19.4
	SM	0.3	20.5	0.1	28.2
	Exp.	–	30(8)	≤ 10	13(6)
C_2D_2	CCT	1.3	11.4	0.0	22.7
	SM	1.4	13.2	0.2	19.3
	Exp.	–	12(3)	≤ 4	17(5)
C_2HD	CCT	0.2	1.7	0.0	1.7
	SM	0.2	2.4	0.0	2.5
	Exp.	–	≤ 10	≤ 4	–

(c) Sections efficaces expérimentales et théoriques des bandes de combinaisons.

TAB. 1.1 : Comparaison des sections efficaces obtenues théoriquement (d'après [12]) et expérimentalement (d'après [13]), pour C_2H_2, C_2D_2 et C_2HD. L'abbréviation SM correspond au champ de force de Strey et Mills [14] et CCT à un calcul de type CCSD(T) dans la base aug-cc-pVTZ. Les sections efficaces sont exprimées en 10^{-33} cm$^2 \cdot$ sr^{-1}.

1.3 Considérations de symétrie

1.3.1 Introduction

On donne ici les propriétés de symétrie des coordonnées normales et comment elles conditionnent l'existence d'un spectre Raman. Nous donnons tout d'abord la méthode de décomposition en tenseurs irréductibles d'un mode vibrationnel [2] pour des oscillateurs harmoniques simplement, doublement et triplement dégénérés. L'étude de la symétrie d'un mode quelconque peut ensuite être déduite comme le produit des décompositions de chaque mode considéré individuellement.

1.3.2 Symétrie d'un oscillateur harmonique

La symétrie d'un oscillateur harmonique découle directement des propriétés de symétrie de sa coordonnée normale. Pour un oscillateur harmonique simplement dégénéré, la symétrie du n-ième état excité, où n correspond au nombre de quanta d'excitation, est simplement la symétrie de la coordonnée normale q élevée à la puissance n. Néanmoins, pour des oscillateurs doublement ou triplement dégénérés, le résultat n'est pas aussi trivial. Ceci est dû au fait que les opérations de symétrie ont tendance à mélanger les coordonnées normales de l'oscillateur dégénéré.

La détermination de l'état excité d'un oscillateur harmonique dégénéré respectivement une, deux et trois fois, peut être établie par différentes méthodes [2, annexe XIV]. Ici nous donnerons la méthode la plus usuelle, consistant en l'application de formules de récursion sur les caractères (ou trace) des différentes opérations de symétrie du groupe. Ces formules sont raisonnablement compactes, génériques, et permettent une implémentation informatique. Elles sont démontrées dans la référence [2, chap. 7].

Mode simplement dégénéré

La détermination du caractère d'un mode simplement dégénéré, de nombre vibrationnel v a une forme triviale. Toute opération de symétrie du groupe ponctuel de la molécule sur la coordonnée d'un mode simplement dégénéré a pour trace ± 1. Le résultat est donc simplement :

$$\chi_v(R) = \chi(R)^v \tag{1.34}$$

En général, la symétrie d'un mode de vibration symétrique est donc conservée pour les différentes valeurs de v. Pour un mode antisymétrique, la symétrie alterne entre impaire (modes $v = 1, 3, \cdots$) et paire (modes $v = 2, 4, \cdots$).

Mode doublement dégénéré

La formule de récursion suivante permet de calculer le caractère d'un oscillateur doublement dégénéré pour une opération de symétrie quelconque du groupe ponctuel auquel appartient la molécule considérée.

$$\chi_v(R) = \frac{1}{2}\left[\chi(R)\chi_{v-1}(R) + \chi(R^v)\right] \quad (1.35)$$

La valeur $\chi(R)$ est le caractère de l'opération de symétrie R pour une coordonnée doublement dégénérée donnée. La valeur $\chi_v(R)$ est le caractère de cette même opération de symétrie pour cette même coordonnée élevée à la puissance v. La notation R^v correspond à l'opération de symétrie considérée appliquée v fois. On a dans les deux cas (doublement dégénéré et triplement dégénéré) :

$$\chi_1(R) = \chi(R) \, , \, \chi_0(R) = 1 \text{ et } \chi_{-k}(R) = 0 \text{ pour } k > 0$$

Mode triplement dégénéré

La formule de récursion suivante donne le caractère d'un oscillateur triplement dégénéré. Les notations sont identiques à celles de l'oscillateur doublement dégénéré.

$$\chi_v(R) = \frac{1}{3}\left[2\chi(R)\chi_{v-1}(R) + \frac{1}{2}\left[\chi(R^2) - \chi(R)^2\right]\chi_{v-2}(R) + \chi(R^v)\right] \quad (1.36)$$

À titre d'exemple, on considère $\chi_2(R)$ pour un mode triplement dégénéré. Dans ce cas aucune récursion n'est nécessaire et on a simplement :

$$\chi_2(R) = \frac{1}{3}\left[2\chi(R)^2 + \frac{1}{2}\left[\chi(R^2) - \chi(R)^2\right] + \chi(R^2)\right] \quad (1.37)$$

En général, $\chi(R^2)$ n'est pas explicitement connu. Sa valeur peut être obtenue à partir des tables de caractères, après détermination de la classe de symétrie de R^2. Cette opération peut appartenir à une classe différente de celle de R, qu'il faudra déterminer.

Application à la symétrie d'un mode de combinaison quelconque

Ces formules permettent de calculer le caractère de toute opération de symétrie d'un mode normal donné, pour un nombre de quanta d'excitation quelconque. L'application à la symétrie d'un mode de combinaison impliquant plusieurs modes normaux différents est ensuite extrêmement directe. Le caractère d'une opération de symétrie donné est simplement le produit des caractères pour les différents modes impliqués, de telle sorte

que l'on a :
$$\chi\left(\left(\sum_i^n v_i\nu_i\right);R\right) = \prod_{i=1}^n \chi\left((v_i\nu_i);R\right) \quad (1.38)$$

Un mode non excité a pour caractère 1 quelle que soit l'opération de symétrie.

On obtient ainsi, pour un mode donné, un vecteur contenant les caractères pour chaque classe de symétrie du groupe ponctuel. La décomposition en tenseurs irréductibles est alors obtenue par la résolution d'un système linéaire.

Considérons par exemple le mode $\nu_1+\nu_4+\nu_6$. Le vecteur des caractères pour ce mode est, d'après le tableau 1.2 :

$$Y_i(\nu_1+\nu_4+\nu_6) = Y_i(A_{1g})Y_i(T_{1u})Y_i(T_{2u})$$
$$\Rightarrow \vec{Y}^T = (9,0,-1,-1,1,9,-1,0,1,-1) \quad (1.39)$$

Où Y_i est la trace de la matrice correspondant à la i-ème colonne du tableau 1.2, contenant les caractères de chaque opération de symétrie du groupe O_h sur les tenseurs irréductibles associés. Associons alors la matrice Γ au tableau 1.2 et le vecteur X à la décomposition en tenseurs irréductibles du mode considéré. On peut montrer alors que l'on a :

$$\Gamma^T X = Y \Rightarrow X = \left(\Gamma^T\right)^{-1} Y \quad (1.40)$$

où Y est le vecteur colonne correspondant aux caractères de l'équation 1.39. Le calcul de Y pour le mode $\nu_1+\nu_4+\nu_6$ permet ainsi d'obtenir le vecteur X :

$$X = (0,1,1,1,1,0,0,0,0,0)^T \quad (1.41)$$

correspondant à la décomposition $A_{2g} \oplus E_g \oplus T_{1g} \oplus T_{2g}$.

Pour une molécule possédant m modes normaux (6 pour le SF$_6$, 4 pour le CH$_4$, 3

	E	$8C_3$	$6C_2$	$6C_4$	$3C_2=(C_4)^2$	i	$6S_4$	$8S_6$	$3\sigma_h$	$6\sigma_d$
A_{1g}	1	1	1	1	1	1	1	1	1	1
A_{2g}	1	1	-1	-1	1	1	-1	1	1	-1
E_g	2	-1	0	0	2	2	0	-1	2	0
T_{1g}	3	0	-1	1	-1	3	1	0	-1	-1
T_{2g}	3	0	1	-1	-1	3	-1	0	-1	1
A_{1u}	1	1	1	1	1	-1	-1	-1	-1	-1
A_{2u}	1	1	-1	-1	1	-1	1	-1	-1	1
E_u	2	-1	0	0	2	-2	0	1	-2	0
T_{1u}	3	0	-1	1	-1	-3	-1	0	1	1
T_{2u}	3	0	1	-1	-1	-3	1	0	1	-1

TAB. 1.2 : Table de caractères pour le groupe ponctuel O_h

pour le CO_2, etc), le nombre de modes binaires est $\dfrac{m(m+1)}{2}$, premières harmoniques incluses. En utilisant les propriétés des combinaisons sans répétition, le nombre de modes de combinaison (bandes de différences exclues) pour n quanta d'excitation et m modes normaux est en toute généralité donné par la formule suivante :

$$N_n(m) = \binom{m+n-1}{n} = \frac{(n+m-1)!}{n!(m-1)!} \quad (1.42)$$

Où m est le nombre de modes normaux de la molécule. Une molécule ayant m modes normaux de vibrations a donc $N_3(m)$ bandes de combinaison d'ordre trois, soit :

$$N_3(m) = \frac{m(m+1)(m+2)}{6} \quad (1.43)$$

et N_4 bandes de combinaison d'ordre quatre :

$$N_4(m) = \frac{m(m+1)(m+2)(m+3)}{24} \quad (1.44)$$

Pour le SF_6, l'application de ces formules montre l'existence de 56 bandes de combinaison d'ordre trois et 126 bandes de combinaison d'ordre quatre. Une détermination informatique de la symétrie d'un mode donné peut donc avoir son intérêt dans une étude exhaustive des différents modes de vibration d'une molécule quelconque. Cette dernière peut se calculer d'après les différentes formules énoncées précédemment.

1.3.3 Dérivées du tenseur de polarisabilité

Pour un mode triplement dégénéré, les coordonnées normales q_x, q_y, q_z sont formellement identiques aux coordonnées cartésiennes de l'espace à trois dimensions. Pour le SF_6, cette théorie s'applique ainsi aux modes normaux de vibration ν_3, ν_4, ν_5 et ν_6. Cette propriété des coordonnées normales d'un mode triplement dégénéré peut être utilisée pour accéder aux différentes dérivées partielles du tenseur par le biais d'opérateurs de rotation. Par exemple, la dérivée double du tenseur de polarisabilité par rapport aux coordonnées normales q_x et q_y s'écrit :

$$\frac{\partial^2 \hat{\alpha}}{\partial q_x \partial q_y} = \frac{\partial^2}{\partial q_x \partial q_y} \begin{pmatrix} \alpha_{xx} & \alpha_{xy} & \alpha_{xz} \\ \alpha_{yx} & \alpha_{yy} & \alpha_{yz} \\ \alpha_{zx} & \alpha_{zy} & \alpha_{zz} \end{pmatrix} \quad (1.45)$$

L'application d'un opérateur de rotation sur le tenseur de polarisabilité d'une première harmonique permet de modifier ces coordonnées de la façon suivante : soit $M_x = R_x\left(\frac{\pi}{2}\right)$ et $M_z = R_z\left(\frac{\pi}{2}\right)$ les opérateurs de rotation d'un angle $\frac{\pi}{2}$ rad autour des axes respectifs x et z. Le sens de la rotation s'observe avec la flèche de l'axe orientée vers l'observateur. Un

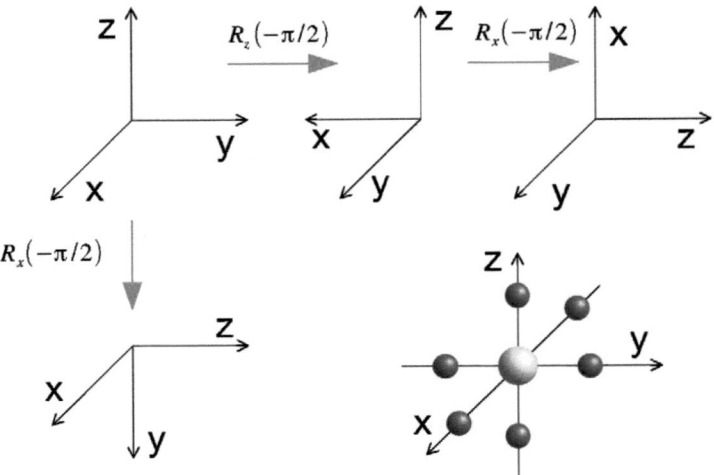

FIG. 1.4 : Effet des opérateurs de rotation sur un repère cartésien.

angle positif correspond au sens trigonométrique ↺ ; un angle négatif au sens horaire (ou anti-trigonométrique) ↻. On peut alors montrer sans difficulté que :

$$M_z^{-1}\left(\frac{\partial^2 \hat{\alpha}}{\partial q_x \partial q_y}\right) M_z = -\left(\frac{\partial^2 \hat{\alpha}}{\partial q_x \partial q_y}\right) \quad (1.46)$$

$$M_x^{-1}\left(\frac{\partial^2 \hat{\alpha}}{\partial q_x \partial q_y}\right) M_x = -\left(\frac{\partial^2 \hat{\alpha}}{\partial q_x \partial q_z}\right) \quad (1.47)$$

et, par application répétée de deux rotations successives, on a, d'autre part :

$$M_x^{-1} M_z^{-1}\left(\frac{\partial^2 \hat{\alpha}}{\partial q_x \partial q_y}\right) M_z M_x = \left(\frac{\partial^2 \hat{\alpha}}{\partial q_y \partial q_z}\right) \quad (1.48)$$

$$M_x^{-1} M_z^{-1}\left(\frac{\partial^2 \hat{\alpha}}{\partial q_y \partial q_x}\right) M_z M_x = \left(\frac{\partial^2 \hat{\alpha}}{\partial q_x \partial q_z}\right) \quad (1.49)$$

Ces résultats peuvent s'observer à partir des schémas de la figure 1.4 et en faisant correspondre q_x, q_y, q_z aux axes x, y et z de ces figures. Mais l'application de ces opérateurs peut agir indépendamment sur les composantes du tenseur ou sur les dérivées partielles, de telle sorte qu'en général, on a :

$$\left[M^{-1}\left(\vec{\nabla}\otimes\vec{\nabla}\right)M\right]\otimes\hat{\alpha} = \left(\vec{\nabla}\otimes\vec{\nabla}\right)\otimes\left[M^{-1}\hat{\alpha}M\right] \quad (1.50)$$

L'opérateur $\left(\vec{\nabla} \otimes \vec{\nabla}\right)$ est ici l'opérateur hessien (matrice hessienne) construit d'après le produit tensoriel du gradient avec lui-même. Notons que la matrice hessienne contient seulement six éléments distincts, à cause de la condition de Schwartz ($\partial_x \partial_y = \partial_y \partial_x$) sur l'ordre des dérivées. Il en est de même pour le tenseur de polarisabilité, hors-résonance. Ainsi, ce tenseur contient 36 termes distincts. Mais, pour des raisons de symétrie, au plus douze termes sont indépendants entre eux. Nous verrons qu'un certain nombre de ces douze termes sont en fait égaux à zéro. Nous exprimerons ainsi les invariants du tenseur de polarisabilité après élimination des termes superflus. Remarquons que l'on pourrait vouloir traiter le problème par des méthodes d'analyse tensorielle si l'on connaissait des règles plus générales pour simplifier les expressions.

Rotation autour de l'axe x

Soit une rotation d'un angle $-\frac{\pi}{2}$ rad autour de l'axe des x. L'effet essentiel est la permutation suivante des coordonnées : l'axe x reste fixe et on a, d'autre part, $y \to -z$ et $z \to y$. Les changements sous une telle transformation du tenseur de polarisabilité sont de type $\alpha_{xy} \to -\alpha_{xz}$, $\alpha_{yz} \to -\alpha_{zy}$, $\alpha_{yy} \leftrightarrow \alpha_{zz}$, etc.

Rotation autour de l'axe z

Soit une rotation d'un angle $-\frac{\pi}{2}$ autour de l'axe des z. Les relations d'équivalence qui s'en déduisent sont du même type que dans le paragraphe précédent. La coordonnée z reste inchangée. On a cependant l'effet $x \to y$ et $y \to -x$. Ainsi, on peut déduire que les transformations du tenseur de polarisabilité sont de type $\alpha_{xy} \to -\alpha_{yx}$, $\alpha_{yz} \to -\alpha_{xz}$, $\alpha_{yy} \leftrightarrow \alpha_{xx}$, etc.

Rotation autour de l'axe z suivie d'une rotation autour de l'axe x

Si on considère simplement les deux premières transformations successives de la figure 1.4 (première ligne de la figure), on peut voir une permutation complète, c'est à dire que $x \to y$, $y \to z$ et $z \to x$.

Applications

Tous les résultats précédents peuvent se déduire graphiquement, d'après l'observation de la figure 1.4, ou bien par application de la transformée $M\hat{a}M^{-1}$ au tenseur de polarisabilité. En transposant ces observations à l'équation 1.50, nous en déduisons les modifications induites, soit sur les dérivées partielles, soit sur les composantes du tenseur, et nous obtenons les égalités suivantes :

$$\begin{pmatrix} \frac{\partial^2 \alpha_{xx}}{\partial q_y \partial q_z} \end{pmatrix} \rightarrow \begin{pmatrix} \frac{\partial^2 \alpha_{yy}}{\partial q_y \partial q_z} \end{pmatrix} = \begin{pmatrix} \frac{\partial^2 \alpha_{xx}}{\partial q_x \partial q_y} \end{pmatrix}$$
$$\begin{pmatrix} \frac{\partial^2 \alpha_{yy}}{\partial q_x \partial q_y} \end{pmatrix} \rightarrow \begin{pmatrix} \frac{\partial^2 \alpha_{zz}}{\partial q_x \partial q_y} \end{pmatrix} = \begin{pmatrix} \frac{\partial^2 \alpha_{yy}}{\partial q_y \partial q_z} \end{pmatrix} \quad (1.51)$$

Combinant les deux dernières lignes, on constate que cela nous permet d'écrire :

$$\frac{\partial (\alpha_{xx} - \alpha_{zz})}{\partial q_x \partial q_y} = 0 \quad (1.52)$$

Par une simple permutation des axes, un tel résultat est généralisable à tous les éléments diagonaux du tenseur de polarisabilité et à toutes les dérivées mixtes.

Nous étudions maintenant la trace du tenseur de polarisabilité, qui correspond à l'isotropie du tenseur de diffusion. On sait que la trace d'une matrice symétrique est toujours invariante sous une transformation par un élément du groupe $SO(3)$. Cette propriété appliquée à l'équation 1.46 permet d'aboutir à la conclusion suivante :

$$\left(M_z^{-1} \frac{\partial^2}{\partial q_x \partial q_y} M_z \right) \text{Tr}(\hat{\alpha}) = \frac{\partial^2 \text{Tr}\left(M_z^{-1} \hat{\alpha} M_z \right)}{\partial q_x \partial q_y} = -\frac{\partial^2 \text{Tr}(\hat{\alpha})}{\partial q_x \partial q_y} \Rightarrow \text{Tr}\left(\frac{\partial^2 \hat{\alpha}}{\partial q_x \partial q_y} \right) = 0 \quad (1.53)$$

D'autre part, on peut montrer, par application de la transformation correspondant à la matrice M_z, que :

$$\frac{\partial^2 \alpha_{zz}}{\partial q_x \partial q_y} = -\frac{\partial^2 \alpha_{zz}}{\partial q_x \partial q_y} \Longrightarrow \frac{\partial^2 \alpha_{zz}}{\partial q_x \partial q_y} = 0 \quad (1.54)$$

Ce résultat, combiné avec les équations 1.52 et 1.53, permet de voir que toute dérivée mixte d'un élément diagonal du tenseur de polarisabilité (défini dans le repère des axes de la molécule) est égale à zéro. Considérant une rotation d'angle $\pi/2$ rad autour de l'axe z, on peut voir également que :

$$\frac{\partial^2 (\alpha_{xx} - \alpha_{yy})}{\partial q_z^2} = \frac{\partial^2 (\alpha_{yy} - \alpha_{xx})}{\partial q_z^2} \Rightarrow \frac{\partial^2 (\alpha_{xx} - \alpha_{yy})}{\partial q_z^2} = 0 \quad (1.55)$$

Une autre propriété des dérivées partielles de l'harmonique d'un mode triplement dégénéré peut être observée en étudiant l'effet des matrices M_x, M_y et M_z :

$$\frac{\partial^2 \alpha_{ij}}{\partial q_k q_l} = 0 \text{ pour } (i,j) \neq (k,l) \text{ et } i \neq j \quad (1.56)$$

où la condition $(i,j) \neq (k,l)$ ne tient pas compte de l'ordre des éléments. Le détail de la démonstration peut être trouvé dans l'annexe B.

1.4 Moments d'ordre zéro des harmoniques du SF_6

Dans cette section, nous établissons l'expression générale du moment d'ordre zéro d'une première harmonique de la molécule SF_6. Toutes les harmoniques de cette molécule sont de symétrie $A_{1g} \oplus E_g \oplus T_{2g}$ et, dans cette décomposition, tous les termes sont actifs en spectroscopie Raman, à l'instar des modes ν_1 (symétrie A_{1g}, totalement polarisé), ν_2 (symétrie E_g, totalement dépolarisé) et ν_5 (symétrie T_{2g}, totalement dépolarisé). Nous identifierons les contributions respectives des termes réduits du tenseur aux moments isotropes et anisotropes d'une transition. Nous donnerons également la dépendance en température de ces moments, qu'il est nécessaire de connaître si l'on souhaite accéder aux polarisabilités moléculaires. Les nombres quantiques de l'oscillateur harmonique tridimensionnel en coordonnées cartésiennes sont notés v_x, v_y, v_z. Nous commencerons par identifier les termes du développement en série de Taylor de l'équation 1.16 qui contribuent à l'intensité totale, au premier ordre. Nous identifierons ensuite à chaque composante du tenseur de polarisabilité son intensité en fonction de l'état initial considéré. Nous sommerons finalement cette quantité sur tous les états initaux décrits par la statistique de Boltzmann afin de remonter à la dépendance en température des moments d'ordre zéro.

1.4.1 Dénombrement des états finaux

Un des axiomes de la mécanique quantique est que l'observation du spectre d'une observable correspond à la somme quadratique des éléments de matrice sur tous les états finaux [5]. Considérons par exemple une observable quelconque, représentée par l'opérateur $\hat{A}$. Postulons l'existence de deux états finaux dégénérés en énergie, que l'on note $|f_1\rangle$ et $|f_2\rangle$. La probabilité totale observée sera alors :

$$\left|\left\langle i|\hat{A}|f_1\right\rangle\right|^2 + \left|\left\langle i|\hat{A}|f_2\right\rangle\right|^2 \quad (1.57)$$

Dans le système considéré, plusieurs états initiaux différents peuvent exister. Il faut alors pondérer l'intensité observée par la population des états initiaux, de telle sorte que l'intensité totale est :

$$\frac{\sum_i \left[P(i)\left(\left|\left\langle i|\hat{A}|f_1\right\rangle\right|^2 + \left|\left\langle i|\hat{A}|f_2\right\rangle\right|^2\right)\right]}{\sum_i P(i)} \quad (1.58)$$

À présent, nous examinons les conséquences de ces propositions pour l'étude d'une transition harmonique (ordre 2) d'un mode triplement dégénéré. Si l'on considère les fonctions harmoniques de l'oscillateur harmonique triplement dégénéré, et l'état $|v_x, v_y, v_z\rangle$ comme l'état initial de la transition, la liste des états finaux est :

$$|v_x+2, v_y, v_z\rangle, \quad |v_x, v_y+2, v_z\rangle, \quad |v_x, v_y, v_z+2\rangle \quad (1.59)$$

$$|v_x+1, v_y+1, v_z\rangle, \quad |v_x, v_y+1, v_z+1\rangle, \quad |v_x+1, v_y, v_z+1\rangle \quad (1.60)$$

Au premier ordre, le développement des coordonnées de position de l'oscillateur harmonique tri-dimensionnel en opérateur de création et d'annihilation permet d'obtenir la contribution respective de chacune des dérivées. Celles-ci sont de deux types. Les dérivées dites non mixtes se notent $\frac{\partial^2}{\partial q_i^2}$ et correspondent à une transition sur un seul mode de l'oscillateur harmonique. Trois termes de ce type apparaissent dans le développement en série de Taylor de la polarisabilité. Les dérivées dites mixtes sont du type $\frac{\partial^2}{\partial q_i \partial q_j}$ avec $i \neq j$, et il y a $3! = 6$ termes contribuant pour un oscillateur triplement dégénéré. Si on élève au carré les termes correspondants aux six états finaux des équations 1.59 et 1.60, on a respectivement :

$$\frac{(v_i+1)(v_i+2)}{16}\left(\frac{\partial^2 \hat{\alpha}}{\partial q_i^2}\right)^2, \quad i \in \{x, y, z\} \quad (1.61)$$

$$\frac{(v_i+1)(v_j+1)}{4}\left(\frac{\partial^2 \hat{\alpha}}{\partial q_i \partial q_j}\right)^2, \quad (ij) \in \{(xy), (yz), (xz)\} \quad (1.62)$$

Le coefficient apparaissant devant la dérivée correspond à l'application successive de deux opérateurs d'annihilation sur l'état final, multiplié par le facteur $\frac{1}{2}$ inhérent au développement en série de Taylor. L'équation 1.61 est associée aux trois états finaux de l'équation 1.59. L'équation 1.62 est associée aux trois états finaux de l'équation 1.60.

1.4.2 Contributions respectives des tenseurs irréductibles

Dans le cas de la diffusion Raman hors résonance (théorie de Placzek), le tenseur de polarisabilité $\hat{\alpha}$ est réel et symétrique. Ce tenseur possède deux invariants que l'on note $(\alpha)^2$ (polarisabilité scalaire) et $(\beta)^2$ (anisotropie). La symétrie de la polarisabilité scalaire est associée à la composante irréductible de symétrie A_{1g}, connue comme la composante totalement symétrique du tenseur de polarisabilité. Elle est dite totalement symétrique, car elle est invariante par rotation infinitésimale des axes dans lesquels sont exprimés le tenseur.

$$(\alpha)^2 = \left(\frac{\text{Tr}(\hat{\alpha})}{3}\right)^2 \quad (1.63)$$

Le terme d'anisotropie est la somme des contributions des tenseurs irréductibles de symétrie E_g et T_{2g} [15] :

$$(\beta)^2 = I(E_g) + I(T_{2g}) \quad (1.64)$$

Avec :

$$I(E_g) = \frac{1}{2}\left((\alpha_{xx} - \alpha_{yy})^2 + (\alpha_{yy} - \alpha_{zz})^2 + (\alpha_{zz} - \alpha_{xx})^2\right) \quad (1.65)$$

$$I(T_{2g}) = 3\left(\alpha_{xy}^2 + \alpha_{xz}^2 + \alpha_{yz}^2\right) \quad (1.66)$$

Dans ce qui suit, nous associons à chaque tenseur irréductible les dérivées contribuant à leurs intensités respectives.

Terme général de la polarisabilité scalaire

Dans ce paragraphe, nous détaillons l'expression de l'intensité d'une transition en fonction de la polarisabilité moyenne (ou scalaire) $\frac{\text{Tr}(\hat{\alpha})}{3}$. Dans le paragraphe 1.3.3, nous avons montré que toute dérivée mixte (équation 1.62) de la trace du tenseur de polarisabilité est nulle. Nous avons donc trois états finaux, qui correspondent aux trois états de l'équation 1.59 et aux dérivées partielles de l'équation 1.61. En élevant ces termes au carré, et en sommant sur la dégénérescence triple des états finaux, nous obtenons :

$$I(A_{1g}) = \sum_{i \in (x,y,z)} \frac{(v_i + 1)(v_i + 2)}{16} \left(\frac{1}{3}\frac{\partial^2 \text{Tr}(\hat{\alpha})}{\partial q_i^2}\right)^2$$
$$\Rightarrow I(A_{1g}) = \frac{(v_x + 1)(v_x + 2)}{2}\frac{3}{8}\left(\frac{1}{3}\frac{\partial^2 \text{Tr}(\hat{\alpha})}{\partial q_x^2}\right)^2 \quad (1.67)$$

La suppression du signe somme dans le résultat final résulte du fait que les trois oscillateurs découplés contribuent de manière identique à l'intensité totale.

Terme général du tenseur E_g

Dans le cas du tenseur E_g, nous avons vu que, comme pour la trace, les dérivées mixtes ne contribuent pas car ces opérateurs annulent les termes diagonaux du tenseur de polarisabilité. L'expression pour l'intensité associée à la symétrie E_g est donc semblable à celle de l'équation 1.67 :

$$I(E_g) = \frac{1}{2}\sum_{i \in (x,y,z)} \frac{(v_i + 1)(v_i + 2)}{16}\left[\left(\frac{\partial^2(\alpha_{ii} - \alpha_{jj})}{\partial q_i^2}\right)^2 + \left(\frac{\partial^2(\alpha_{ii} - \alpha_{kk})}{\partial q_i^2}\right)^2\right] \quad (1.68)$$

Dans cette dernière équation, le facteur $\frac{1}{2}$ placé avant le signe somme correspond à l'expression de l'intensité associée au tenseur de symétrie E_g, donnée à l'équation 1.65. On a vu que $\frac{\partial^2(\alpha_{ii} - \alpha_{jj})}{\partial q_k^2} = 0$ si $i \neq j \neq k \neq i$. C'est pourquoi ce terme est absent de la sommation. D'autre part, on a :

$$\frac{\partial^2(\alpha_{ii} - \alpha_{jj})}{\partial q_i^2} = \frac{\partial^2(\alpha_{ii} - \alpha_{kk})}{\partial q_i^2} \quad (1.69)$$

pour $i \neq j \neq k \neq i$. Ces considérations permettent de factoriser l'intensité totale observée sur un seul mode de l'oscillateur :

$$\Rightarrow I(E_g) = \frac{(v_x+1)(v_x+2)}{2}\frac{3}{8}\left(\frac{\partial^2(\alpha_{xx}-\alpha_{yy})}{\partial q_x^2}\right)^2 \qquad (1.70)$$

Terme général du tenseur T_{2g}

Dans le cas du tenseur de symétrie T_{2g}, on a vu que seules les dérivées mixtes contribuent. D'autre part, nous avons pu remarquer que seules les dérivées $\left(\dfrac{\alpha_{ij}}{\partial q_i \partial q_j}\right)$ telles que $i \neq j$ sont différentes de zéro. L'intensité finale est donc :

$$I(T_{2g}) = 3\sum_{i=1}^{3}\sum_{j>i}^{3}\frac{(v_i+1)(v_j+1)}{4}\left(\frac{\alpha_{ij}}{\partial q_i \partial q_j}\right)^2$$

Dans cette dernière équation, le facteur 3 placé devant le signe somme correspond au moyennage isotropique des composantes hors diagonale, de la même manière que dans l'équation 1.66. Les indices $(1, 2, 3)$ sont équivalents aux axes cartésiens x, y, z. En considérant l'égalité suivante :

$$\left(\frac{\partial^2 \alpha_{xy}}{\partial q_x \partial q_y}\right) = \left(\frac{\partial^2 \alpha_{yz}}{\partial q_y \partial q_z}\right) = \left(\frac{\partial^2 \alpha_{xz}}{\partial q_x \partial q_z}\right) \qquad (1.71)$$

on aboutit à l'intensité suivante, associée au tenseur de symétrie T_{2g} :

$$\Rightarrow I(T_{2g}) = (v_x+1)(v_y+1)\frac{9}{4}\left(\frac{\partial^2 \alpha_{xy}}{\partial q_x \partial q_y}\right)^2 \qquad (1.72)$$

1.4.3 Sommation sur les états initiaux

La statistique de Boltzmann est utilisée pour prédire la population des niveaux dans le gaz. Pour le SF_6, dont le mode le plus bas en énergie est le mode $\nu_6 = 347.8\,\text{cm}^{-1}$, seulement 31.8% des molécules sont dans l'état fondamental à température ambiante. L'étude de l'effet des bandes chaudes sur l'intensité du spectre total a été initiée par Yao et Overend [16]. Une étude en absorption multiphotonique a montré que la section efficace augmente avec l'énergie vibrationnelle de la molécule [17]. La dépendance en température de l'intensité pour des transitions Raman a été également donnée par Montero dans une étude des harmoniques de la molécule de cyanogène [18]. L'effet de l'augmentation de l'intensité avec la température peut être observé en considérant la figure 1.5. Pour le SF_6, qui possède plusieurs modes fondamentaux relativement bas en énergie, on peut constater l'importance de la prise en compte du facteur thermique[19]. Ayant déjà sommé sur les dégénérescences, nous pouvons calculer la dépendance en température explicitement. Pour les tenseurs A_{1g} et E_g, nous avons :

$$\gamma(T) = \frac{\sum_{v_x} \frac{1}{2}(v_x+1)(v_x+2)\exp\left(-v_x\frac{hc\nu}{kT}\right)}{\sum_{v_x} \exp\left(-v_x\frac{hc\nu}{kT}\right)} = \left(1 - \exp\left(-\frac{hc\nu}{kT}\right)\right)^{-2} \quad (1.73)$$

Pour le tenseur T_{2g}, nous avons un résultat identique :

$$\gamma(T) = \left(\frac{\sum_{v_x}(v_x+1)\exp\left(-v_x\frac{hc\nu}{kT}\right)}{\sum_{v_x} \exp\left(-v_x\frac{hc\nu}{kT}\right)}\right)^2 = \left(1 - \exp\left(-\frac{hc\nu}{kT}\right)\right)^{-2} \quad (1.74)$$

Ce résultat est généralisable, le facteur thermique correspondant alors au produit des sommes de partition des modes impliqués (l'énergie de point zéro étant *de facto* ignorée). Par exemple, pour une bande de combinaison $n_a\nu_a + n_b\nu_b$, le facteur thermique sera :

$$\gamma(T) = Z_a^{n_a} Z_b^{n_b} \quad (1.75)$$

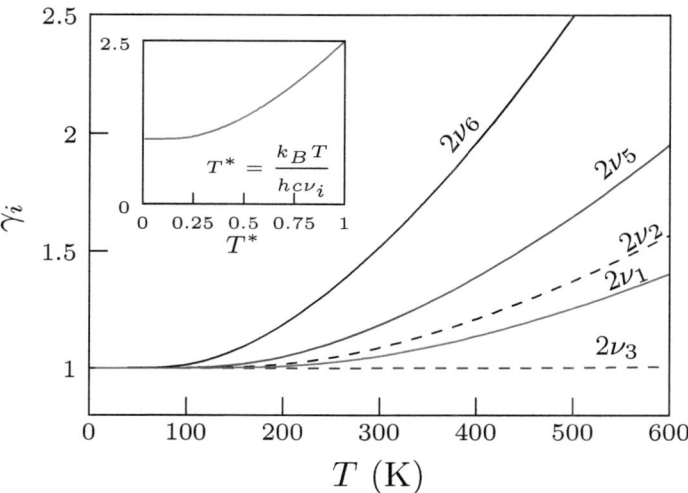

FIG. 1.5 : Effet de la température sur l'intensité de différentes bandes harmoniques. Le facteur $\gamma(T)$ représente la dépendance en température de l'intensité intégrée. Les lignes discontinues sont associées au CO_2, les lignes continues sont associées au SF_6.

où $Z_a = \left(1 - \exp\left(-\frac{hc\nu_a}{kT}\right)\right)^{-1}$. Remarquons ainsi que le facteur thermique est d'autant plus élevé que la température réduite $T^* = \frac{k_B T}{hc\nu}$ est élevée. Ce facteur diverge invariablement dans la limite $T \to \infty$. Dans ce cas, un développement à l'ordre 1 est possible et on a, pour le cas des premières harmoniques :

$$\gamma(T) \approx \left(\frac{kT}{hc\nu}\right)^2 \quad (1.76)$$

Si l'on considère les coordonnées normales naturelles (homogènes à une distance), on a :

$$\gamma(T)\left(\frac{\partial^2 \hat{\alpha}}{\partial q_i \partial q_j}\right)^2 \to \left(\frac{kT}{\mu_i \mu_j (2\pi c\nu)^2}\right)^2 \frac{\partial^2 \hat{\alpha}}{\partial r_i \partial r_j} \quad (1.77)$$

où $\mu_i = \mu_j$ est la masse réduite de l'oscillateur. Cette dernière équation, correspondant à la limite classique, met en exergue l'augmentation d'autant plus grande de l'intensité totale que la fréquence du mode vibrationnel est faible. Ainsi, pour T^* grand (cf figure 1.5), l'intensité d'un mode de vibration augmente comme le carré de la température. Cette loi devient caduque si la température est suffisamment élevée pour exciter les états électroniques de la molécule. En se basant sur le plus bas niveau électronique du néon (premier élément à couche fermée après le fluor) dont la longueur d'onde est $\lambda_e \simeq 800\,\text{nm}$, les premiers niveaux électroniques excités sont non négligeables à une température supérieure à 1000 K pour le SF_6.

1.4.4 Moments d'ordre zéro

Ayant calculé les intensités respectives, corrigées de la température, on obtient aisément les moments d'ordre zéro isotropes et anisotropes. On a simplement, pour le moment anisotrope, la somme des deux composantes E_g et T_{2g} :

$$M_0^{\text{ani}} = \frac{3}{8}\gamma(T)\left(\left(\frac{\partial^2 \alpha_{xx} - \partial^2 \alpha_{yy}}{\partial q_x^2}\right)^2 + 6\left(\frac{\partial^2 \alpha_{xy}}{\partial q_x \partial q_y}\right)^2\right) \quad (1.78)$$

Pour le moment isotrope, on a :

$$M_0^{\text{iso}} = \frac{3}{8}\gamma(T)\left(\frac{\partial^2 \bar{\alpha}}{\partial q_x^2}\right)^2 \quad (1.79)$$

Vue la faible résolution de notre expérience, il n'est pas possible de lever la dégénérescence existant entre les tenseurs E_g et T_{2g} [20]. La somme des contributions de ces deux tenseurs correspond au moment d'ordre zéro anisotrope.

Cependant, l'étude des deux dernières équations permet de constater que la connaissance de $\frac{\partial^2 \alpha_{yy}}{\partial q_x^2}$ permettrait de remonter à tous les éléments de matrice non-nul du tenseur d'une harmonique.

D'après Montero, une expression du moment d'ordre zéro anisotrope est [6] :

$$M_0^{\text{ani}} = \frac{3}{8}\gamma(T)\left(\left(\gamma_{q_x,q_x}\right)^2 + 2\left(\gamma_{q_x,q_y}\right)^2\right) \tag{1.80}$$

Une expression équivalente a été démontrée par notre équipe (équation 7 de la référence [19], donnée en annexe) dans le cadre de l'étude de la bande $2\nu_5$ isotrope du SF_6, en utilisant un formalisme cartésien. Se basant sur ces expressions, nous avons les équivalences suivantes :

$$\left(\gamma_{q_x,q_x}\right)^2 = \left(\frac{\partial^2(\alpha_{xx} - \alpha_{yy})}{\partial q_x^2}\right)^2 \tag{1.81}$$

$$\left(\gamma_{q_x,q_y}\right)^2 = 3\left(\frac{\partial^2 \alpha_{xy}}{\partial q_x \partial q_y}\right)^2 \tag{1.82}$$

Conclusion et perspectives

Dans ce chapitre, nous avons commencé par étudier comment la polarisabilité se manifeste expérimentalement, dans le contexte idéalisé d'un faisceau d'ouverture nulle. Puis nous nous sommes intéressé à la description théorique des intensités diffusées. Nous avons vu que le modèle harmonique est d'un intérêt particulier pour sa simplicité, mais qu'il est nécessaire dans le cadre d'une description réaliste des propriétés moléculaires de tenir compte des anharmonicités. La transformation de contact permet de traiter avec élégance et simplicité ce problème. Enfin, nous avons relié les moments d'ordre zéro isotrope et anisotrope aux dérivées effectives du tenseur de polarisabilité. Les effets de la température sur l'intensité totale du spectre ont été pris en compte, et le facteur thermique permettant de s'affranchir de l'augmentation de la polarisabilité moyenne d'une transition au sein du gaz a été calculé.

Les démarches ici présentées permettent une interprétation systématique des intensités Raman en terme de dérivées partielles de la polarisabilité. Enfin, il est possible d'étudier de manière simple les corrections anharmoniques au tenseur de polarisabilité au vu de l'expression de M_0^{ani} obtenue en termes d'éléments du tenseur de polarisabilité.

Dans ce chapitre, nous n'avons pas fait mention de spectroscopie rotationnelle. Le moyennage isotropique prend déjà en compte le mouvement rotationnel des molécules qui est factorisé dans notre procédure [21]. Notre expérience n'a pas une résolution suffisante pour résoudre les transitions rotationnelles individuelles d'une molécule globulaire telle que le SF_6 dont les constantes rotationnelles sont faibles ($B_0 = 9.108 \times 10^{-2}\,\text{cm}^{-1}$ pour l'état fondamental [22]). La spectroscopie à haute résolution permet cependant l'observation des transitions rotationnelles au sein de cette molécule [22, 23].

Bibliographie

[1] Alain Laverne. Rayonnement quantique. Cours d'électrodynamique quantique de niveau M1 de l'université Paris Diderot, 1994.

[2] Jr. E. Bright Wilson, J.C. Decius, and Paul C. Cross. *Molecular Vibrations : The Theory of Infrared and Raman Vibrational Spectra.* Dover, 1955.

[3] L.D. Barron. *Molecular Light Scattering and Optical Activity.* Titolo collana. Cambridge University Press, 2004.

[4] D.P. Craig and T. Thirunamachandran. *Molecular Quantum Electrodynamics : An Introduction to Radiation-molecule Interactions.* Dover Books on Chemistry Series. Dover Publications, 1998.

[5] C. Cohen-Tannoudji, B. Diu, and F. Laloë. *Mécanique quantique Tome 2.* Collection Enseignement des sciences. Hermann, 1988.

[6] S. Montero. Anharmonic Raman intensities of overtones, combination and difference bands. *The Journal of Chemical Physics*, 77(1) :23–29, 1982.

[7] Konstantin V Kazakov. *Quantum theory of anharmonic effects in molecules.* Elsevier, Burlington, MA, 2012.

[8] A.R. Hoy, I.M. Mills, and G. Strey. Anharmonic force constant calculations. *Molecular Physics*, 24(6) :1265–1290, 1972.

[9] Luciano N. Vidal and Pedro A. M. Vazquez. CCSD study of anharmonic Raman cross sections of fundamental, overtone, and combination transitions. *International Journal of Quantum Chemistry*, 112(19) :3205–3215, 2012.

[10] C. Domingo, R. Escribano, W. F. Murphy, and S. Montero. Raman intensities of overtones and combination bands of C_2H_2, C_2HD, and C_2D_2. *The Journal of Chemical Physics*, 77(9) :4353–4359, 1982.

[11] Michael Chrysos and David Kremer. Comment on ccsd study of anharmonic Raman cross sections of fundamental, overtone, and combination transitions. *International Journal of Quantum Chemistry*, 113(24) :2634–2636, 2013.

[12] Luciano N. Vidal and Pedro A. M. Vazquez. Reply to the comment on CCSD study of anharmonic Raman cross sections of fundamental, overtone, and combination transitions. *International Journal of Quantum Chemistry*, 113(24) :2637–2639, 2013.

[13] F. Orduna, C. Domingo, S. Montero, and W.F. Murphy. Gas phase Raman intensities of C_2H_2, C_2HD and C_2D_2. *Molecular Physics*, 45(1) :65–75, 1982.

[14] G. Strey and I.M. Mills. Anharmonic force field of acetylene. *Journal of Molecular Spectroscopy*, 59(1) :103 – 115, 1976.

[15] D. P. Shelton and Lorenzo Ulivi. Vibrational hyperpolarizability of SF_6. *The Journal of Chemical Physics*, 89(1) :149–155, 1988.

[16] S.J. Yao and John Overend. Vibrational intensities—XXIII. The effect of anharmonicity on the temperature dependence of integrated band intensities. *Spectrochimica Acta Part A : Molecular Spectroscopy*, 32(5) :1059 – 1065, 1976. ISSN 0584-8539.

[17] D.P. Hodgkinson and A.J. Taylor. Hot-band multiphoton absorption in SF_6. *Molecular Physics*, 52(5) :1017–1027, 1984.

[18] S. Montero. Raman intensities of overtones. Analysis of $2\nu_4$ band of cyanogen. *The Journal of Chemical Physics*, 72(4) :2347–2355, 1980.

[19] D. Kremer, F. Rachet, and M. Chrysos. From light-scattering measurements to polarizability derivatives in vibrational Raman spectroscopy : The $2\nu_5$ overtone of SF_6. *The Journal of Chemical Physics*, 138(17), 2013.

[20] M. Khelkhal, E. Rusinek, J. Legrand, F. Herlemont, and G. Pierre. Sub-doppler study of the $\nu_3 = 2$ state of SF_6 by infrared–infrared double resonance with a sideband spectrometer. *The Journal of Chemical Physics*, 107(15) :5694–5701, 1997.

[21] Derek A. Long. *The Raman Effect : A Unified Treatment of the Theory of Raman Scattering by Molecules*. Wiley, 2001.

[22] V. Boudon, G. Pierre, and H. Bürger. High-resolution spectroscopy and analysis of the ν_4 bending region of SF_6 near $615\,cm^{-1}$. *Journal of Molecular Spectroscopy*, 205(2) :304 – 311, 2001.

[23] V. Boudon and D. Bermejo. First high-resolution Raman spectrum and analysis of the ν_5 bending fundamental of SF_6. *Journal of Molecular Spectroscopy*, 213(2) :139 – 144, 2002.

Chapitre 2

Mécanismes induits par les collisions

Sommaire

Introduction	**41**
2.1 Description classique des propriétés induites	**42**
2.1.1 Modèle classique de la diffusion induite	42
2.1.2 Fonction de partition	43
2.1.3 Classes de dimère	44
2.2 Dénombrement des états	**47**
2.2.1 Prémisses et difficultés	47
2.2.2 Fonctions de distribution	48
2.2.3 Position et hauteur de la barrière	50
2.3 Application et résultats	**51**
2.3.1 Version algorithmique de la méthode	51
2.3.2 Résultats numériques pour la paire SF_6–N_2	51
2.3.3 Comparaison du résultat avec le calcul quantique	54
Conclusion et perspectives	**55**

Introduction

Les mécanismes induits par les collisions entre molécules sont très étudiés en phase gazeuse. Ces phénomènes permettent de mieux comprendre les mécanismes d'interactions entre atomes dans les gaz, et sont d'autres part intimement liés aux propriétés statistiques du gaz.

Tandis que la théorie du gaz parfait considère les molécules comme isolées, sans interactions autres que des collisions élastiques entre particules, les phénomènes induits par les collisions sont une manifestation des interactions et des couplages entre constituants d'un gaz. Ainsi, ils sont un contrepoint aux phénomènes dus aux molécules isolées. Les mécanismes d'élargissement dus à la pression sont également des phénomènes induits par les collisions, et de ce point de vue ces deux domaines d'études se recoupent.

L'étude des phénomènes induits par collision remonte à l'après-guerre [1]. La première observation de tels phénomènes dans des atomes de gaz rare date de 1959 [2]. En effet, cet article est la première mention, à notre connaissance, d'une bande d'absorption dans un mélange hétérogène de deux atomes de gaz rare. Comme les gaz rares ne peuvent absorber la lumière, à cause de la symétrie sphérique de leur nuage électronique, la seule contribution à l'absorption dans cette situation est issue de la participation des dimères du gaz. Enfin, les premières règles de dépendance en densité de l'absorption induite par les collisions ont été mises en évidence. En effet, dans le cas de bande d'absorption par un mélange hétérogène de deux gaz rares, l'intensité de la bande d'absorption est proportionnelle au produit des densités ρ_X et ρ_Y, X et Y désignant les deux espèces atomiques du mélange.

En ce qui concerne la spectroscopie de diffusion, les atomes isolés ne donnent lieu en principe qu'à une raie Rayleigh étroite, éventuellement élargie par l'effet Doppler. Lors d'une collision, deux atomes de gaz rare peuvent donner lieu à l'observation d'un spectre Raman centré sur la fréquence Rayleigh. On parle dans ce cas de spectre roto-translationnel. La première mise en évidence du phénomène de diffusion induit par les collisions [3] (CIS, *Collision Induced Scattering*) a été faite par MacTague et Birnbaum [4], en 1968. Depuis lors, les processus induits par collision ont donné lieu à une abondante littérature dédiée à l'étude de ce ces phénomènes. Un échantillon de la littérature à ce sujet est constitué par les références [5, 6, 7, 8, 9].

Dans notre travail sur la diffusion induite par collisions, il est nécessaire de prendre en compte les interactions à deux corps, dont la modélisation est faite par un potentiel qui peut être isotrope (approximation de la particule sphérique) ou comporter des termes angulaires d'anisotropie.

Le sujet principal du présent chapitre concerne une méthode d'étude du phénomène de diffusion induite par les collisions. Nous cherchons à étudier quelles sont les contributions respectives des différents d'états liés à l'intensité totale de la transition. Une récente publication [10] suggère que c'est un problème important en spectroscopie. Ceci étant, cette procédure est également applicable à l'étude du moment dipolaire induit par les collisions, et donc au phénomène d'absorption induit par les collisions dans le gaz.

Dans ce chapitre, nous détaillons la procédure de séparation de ce domaine en plusieurs régions, chacune de ces régions étant associée avec un type de dimère particulier, dans une représentation classique de l'interaction entre deux particules.

2.1 Description classique des propriétés induites

2.1.1 Modèle classique de la diffusion induite

Un modèle de calcul des propriétés du gaz, dans un espace des phases à deux particules, a été donné par Levine [11] dans une représentation classique, et utilise une intégrale triple dont l'expression est la suivante :

$$\int_0^{+\infty} dr \int_{\phi(r)}^{+\infty} dE \int_0^{2mr^2[E-\phi(r)]} dL^2 q(r,E,L^2) f(r,E,L^2) \quad (2.1)$$

Ici, le terme « classique » s'applique d'une part à la théorie statistique du gaz, qui est basée sur la mécanique statistique classique, mais aussi au modèle d'anisotropie. Cette dernière dépend de la séparation r entre les deux particules de manière continue. C'est donc une fonction de la distance r. Le domaine d'intégration correspondant aux bornes de l'équation 2.1 est le suivant :

$$(r, E, \vec{L}^2) \in [r_0, +\infty] \times [\phi(r), +\infty] \times [0, 2mr^2(E - \phi(r))] \quad (2.2)$$

C'est un domaine compact et simplement connexe, dans un espace à trois dimensions qui définit le domaine de variation des variables r, E et $\vec{L}^2$. On l'appelle « espace des phases ». Il s'agit ici d'un espace des phases à deux particules, qui applique les propriétés statistiques d'un gaz parfait à un modèle à deux corps. Ainsi, r est la distance réduite de la quasi-particule. L'énergie totale de la particule est E, et L^2 est le moment angulaire de la paire, qui correspond en fait aux rotations de la quasi-particule sur elle-même. Le fonction $f(r, E, L^2)$ est la fonction de partition de la paire. Cette fonction de partition correspond au modèle du gaz parfait dans lequel un potentiel d'interaction à deux corps se « greffe » en tant que petite perturbation de la cinématique de deux particules libres. Ce potentiel d'interaction est la fonction $\phi(r)$.

La fonction $q(r, E, L^2)$ correspond à l'observable classique que l'on veut calculer, et peut dépendre très généralement de l'énergie totale de la paire, de la distance réduite r et du moment angulaire $\vec{L}^2$, dans le cas de deux particules considérées comme ponctuelles. Dans le cas d'un profil d'anisotropie qui dépend exclusivement de r, on peut simplifier l'écriture en $q(r)$ et éviter ainsi les difficultés inhérentes à l'intégration d'une fonction de multiples variables. Pour obtenir les propriétés globales sur tout le gaz, on utilise la somme de partition suivante :

$$Z = \iiint f(r, E, \vec{L}^2) \mathrm{d}\tau \qquad (2.3)$$

dont l'intégration est réalisée sur le domaine de l'équation 2.2.

2.1.2 Fonction de partition

Comme cela a été dit plus haut, la fonction $f(r, E, \vec{L}^2)$, dont l'expression est reportée dans l'équation 2.4 (d'après la référence [11]), est utilisée pour décrire de manière probabiliste la cinématique d'un espace des phases à deux particules.

$$f_{r,E,\vec{L}^2}(r, E, \vec{L}^2) = \sqrt{\frac{2m}{E - \phi(r) - \frac{\vec{L}^2}{2mr^2}}} \exp\left(-\frac{E}{kT}\right) \qquad (2.4)$$

Dans cette équation, la fonction $\phi(r)$ est le potentiel d'interaction entre les deux particules, qui dépend uniquement de la distance qui les sépare. La masse réduite d'une quasi-particule est notée m et vaut :

$$m = \frac{m_1 m_2}{m_1 + m_2} \qquad (2.5)$$

L'énergie totale de la paire est E, qui correspond à la somme des énergies cinétiques des deux particules, du moment cinétique et de l'énergie d'interaction. La quantité $\vec{L}^2 = (\vec{r} \times \vec{p})^2$ est le moment angulaire de la paire élevé au carré. Les particules sont supposées sans aucun degré de liberté interne. Le facteur de Boltzmann est $\beta = \frac{1}{kT}$. Si le modèle devait être amélioré, on pourrait considérer comme effets supplémentaires à la fois la rotation interne des particules (force de Coriolis), ou encore l'anisotropie du nuage électronique qui étendrait la portée de ce modèle [12]. Cependant, nous ne développons pas davantage ces notions ici.

Potentiel effectif

La paire de particules est représentée comme une particule isolée se déplaçant dans un potentiel effectif dont l'expression est donnée dans l'équation suivante :

$$\phi_{\text{eff}}(r) = \phi(r) + \frac{\vec{L}^2}{2mr^2} \qquad (2.6)$$

Ce potentiel effectif, au contraire du potentiel « nu », est une fonction de deux variables : $\vec{L}^2$, le moment angulaire de la paire, et r, la distance de la quasi-particule à l'origine. Un tel potentiel est très commun en mécanique classique. La référence [13] donne un exemple d'application d'un tel potentiel effectif, dans le cas particulier d'une démonstration du théorème de Bertrand.

2.1.3 Classes de dimère

Une particule se déplaçant dans le potentiel de l'équation 2.6 (la position correspond à la distance r) peut occuper quatre régions.

La région I est occupée par les états dits « liés ». Que ce soit dans la représentation de la mécanique classique ou de la mécanique quantique, les dimères de type I, dont l'énergie de liaison est négative, ne peuvent pas se dissocier, à moins qu'une perturbation extérieure n'apporte une énergie suffisante pour induire une séparation. Une telle perturbation peut être fournie par une excitation des niveaux au sein du puits de potentiel ou par une collision du dimère avec une particule extérieure.

La région II est occupée par des états dits « méta-stables », qui sont piégés dans le puits de potentiel, mais dont l'énergie de liaison est positive. Dans ce cas, c'est l'énergie du moment angulaire qui les empêche de se dissocier. Bien que dans une représentation classique, ces dimères soient effectivement stables, à moins, encore, qu'une perturbation extérieure fournisse l'énergie nécessaire à la séparation de la paire, du point de vue de la mécanique quantique, l'effet tunnel autorise la quasi-particule à passer la barrière de potentiel pour rejoindre la région IV. Cette dernière région (IV) correspond aux particules pour lesquelles le terme centrifuge prévient la formation d'un dimère. Du point de vue de la mécanique classique, ils forment des états dits « du continuum », mais du point de vue de la mécanique quantique, de telles paires peuvent traverser la barrière de potentiel par effet tunnel.

Dans le cas de la région III, le spectre des dimères est continu, comme dans le cas des dimères de type IV. De manière imagée, on peut comparer cette région aux collisions frontales, qui sont trop violentes pour que la formation d'un dimère soit possible. Ces collisions ne donnent naissance qu'à une modification « transitoire » de la polarisabilité. Ces états sont dits états du *continuum*.

Tous les états de dimère sont présentés sur la figure 2.1. Cette figure montre comment évolue la barrière de potentiel pour différentes valeurs de $|\vec{L}|$. La figure 2.1a correspond à un moment orbital nul. Dans ce cas, il n'y a pas de barrière de potentiel. Seules les régions I and III existent. La figure 2.1b correspond à un moment orbital suffisant pour créer une barrière de potentiel, et permettre ainsi l'existence de dimères « méta-stables ». La figure 2.1c correspond à une valeur du moment orbitale qui autorise uniquement les orbites méta-stables associées aux transitions du continuum. La figure 2.1d montre un potentiel effectif dans lequel la formation d'un dimère est impossible. Le moment angulaire de la paire est trop important pour permettre à un complexe stable de se former. Seuls les états

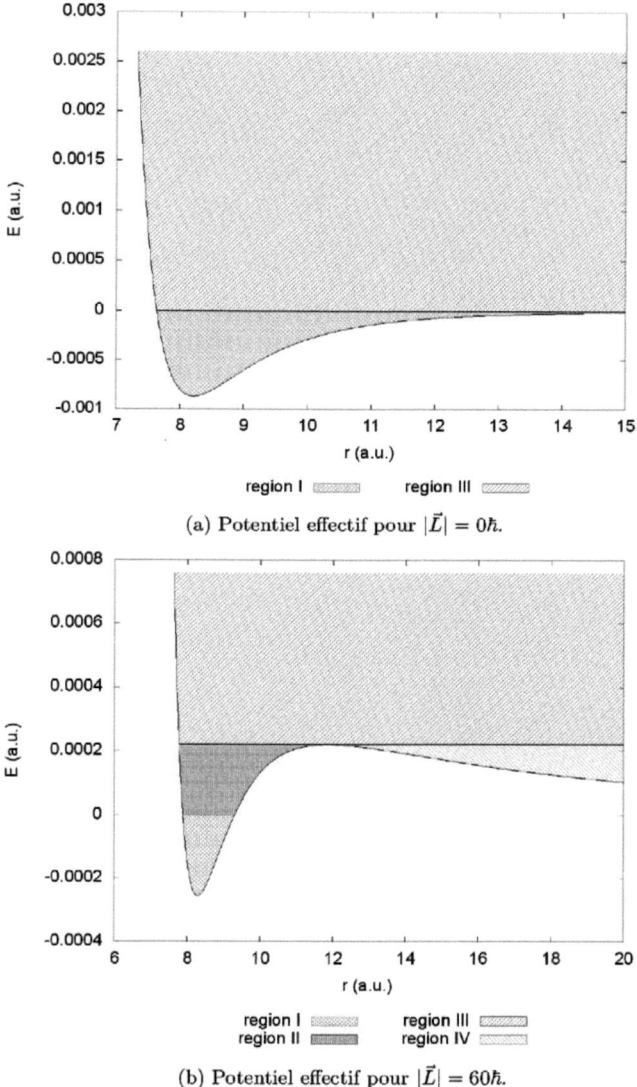

(a) Potentiel effectif pour $|\vec{L}| = 0\hbar$.

(b) Potentiel effectif pour $|\vec{L}| = 60\hbar$.

du continuum sont permis. Dans la section qui suit, nous allons aborder la question du dénombrement de tels états.

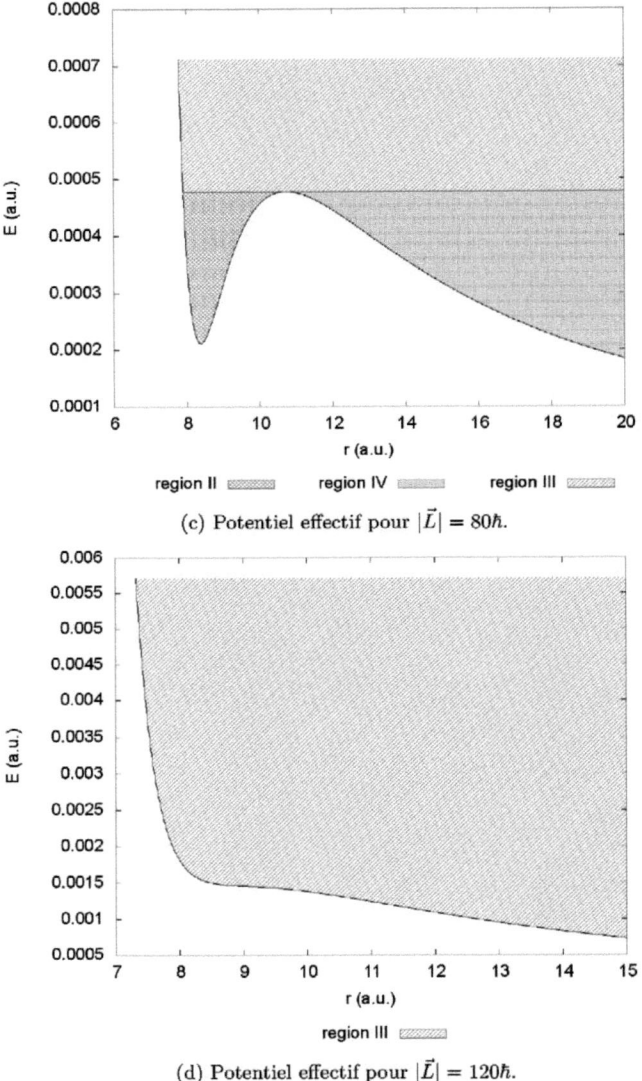

(c) Potentiel effectif pour $|\vec{L}| = 80\hbar$.

(d) Potentiel effectif pour $|\vec{L}| = 120\hbar$.

FIG. 2.1 : Potentiel effectif (équation 2.6) dans lequel la particule se déplace. Nous avons fait correspondre à chaque région du potentiel un type particulier de dimères. Les échelles sont en unités atomiques.

2.2 Dénombrement des états

2.2.1 Prémisses et difficultés

Comme on l'a vu sur la figure 2.1, les possibilités de formation de dimères sont très fortement dépendantes de la valeur du moment angulaire de la paire. Une valeur de la polarisabilité totale de la paire, dans une représentation classique, peut être calculée directement à l'aide de l'équation suivante :

$$\langle \alpha^2 \rangle = 4\pi \int_0^\infty \alpha^2(r) \exp(-\frac{\phi(r)}{kT}) r^2 dr \qquad (2.7)$$

Un profil de polarisabilité induite quelconque pour une paire moléculaire peut ainsi facilement être intégré au processus. Cependant, cette intégration ne permet pas de discerner les contributions des différentes régions à l'intensité totale. Par exemple, nous ne pouvons pas connaître directement les contributions des transitions du continuum ou des dimères du type I. Ce problème est difficile, car on voit que la trame des régions I, II, III et IV dépend totalement de la valeur de $\bar{L}^2$, et notamment de la hauteur et de la position de la barrière de potentiel. La région I [11] se calcule avec les bornes suivantes (intégration dans cet ordre) :

$$A_I = \int_0^\infty dr \int_{\phi(r)}^0 dE \int_0^{2mr^2[E-\phi(r)]} dL^2 \sqrt{\frac{2m}{E - \phi(r) - \frac{\bar{L}^2}{2mr^2}}} \exp\left(-\frac{E}{kT}\right) \qquad (2.8)$$

Le calcul de cette intégrale est tout à fait réalisable. Par contre, nous avons rencontré de plus grandes difficultés pour identifier les bornes délimitant les régions A_{II}, A_{III} et A_{IV}. On sait que la somme de ces trois parties peut être obtenue à partir du complémentaire, c'est à dire en combinant les équations 2.7 et 2.8. On a alors :

$$A_{II} + A_{III} + A_{IV} = A_{tot} - A_I \qquad (2.9)$$

Mais nous ne sommes pas parvenu à trouver les bornes pour séparer les régions II, III et IV. On sait que le potentiel effectif atteint un extremum local pour $mr^3 \phi'(r) = \bar{L}^2$. Cependant, d'une part, le potentiel n'est pas toujours dérivable (par exemple pour un potentiel de type *square-well*), et d'autre part il peut s'agir d'une fonction numérique sans expression analytique, comme c'est le cas par exemple pour un potentiel de Lennard-Jones. La discussion du découpage de cette intégrale est complexe et le choix des bornes dépend du potentiel utilisé [14]. En conséquence, nous avons mis au point une méthode qui permet de réaliser cette séparation quel que soit le modèle de potentiel choisi. Nous analysons et nous commentons les résultats obtenus pour une paire moléculaire $SF_6 - N_2$ et un potentiel isotrope dit de Sevastyanov-Zykov. Dans ce qui suit, nous allons discuter d'abord des fonctions de distribution utilisées pour simuler les évènements dans le cadre d'une méthode de Monte-Carlo, puis de la méthode de séparation.

2.2.2 Fonctions de distribution

Dans le cadre d'une méthode de Monte-Carlo, nous simulons des évènements de manière aléatoire afin de calculer l'intégrale de l'équation 2.1. La méthode la plus directe est d'utiliser des variables aléatoires sur tout l'espace des phases, avec une distribution de probabilité uniforme. Cependant, cela ne peut pas fonctionner si les variables ont une distribution sur un ensemble de mesure infinie. Ainsi il est nécessaire et plus efficace de choisir des points de l'espace des phases directement pondérés par leur probabilité d'occurence, plutôt que de devoir les normaliser *a posteriori* par la fonction de distribution. C'est une méthode appelée *échantillonnage préférentiel*, qui est un raffinement de la méthode Monte-Carlo. Dans les paragraphes qui suivent, nous allons détailler la génération aléatoire en étudiant successivement le cas de la variable r, de la variable E et de la variable $\vec{L}^2$.

Variable r

La variable r est une variable réduite décrivant la distance entre les deux particules. L'intégration successive en $\vec{L}^2$ et en E de la fonction de partition (équation 2.4) donne les fonctions de distribution suivantes :

$$f_{E,r}(E,r) = 2(2m)^{3/2} r^2 \sqrt{E - \phi(r)} \exp(-\frac{E}{kT}) \tag{2.10}$$

$$f_r(r) = \sqrt{\pi}(2mkT)^{3/2} r^2 \exp(-\frac{\phi(r)}{kT}) \tag{2.11}$$

Mais d'autre part, nous cherchons non pas à choisir r en fonction de sa stricte probabilité d'occurence, mais plutôt de sélectionner les points qui contribuent le plus au calcul du moment d'ordre zéro. Nous cherchons donc une fonction de distribution qui se rapproche de la fonction suivante :

$$f(r)\alpha^2(r) \tag{2.12}$$

Pour cela, nous avons choisi une fonction exponentielle (équation 2.13) de paramètre $\lambda = 0.2$. Dans l'équation suivante, l'astérisque en exposant signifie que cette fonction est la fonction de distribution de probabilité utilisée dans le tirage aléatoire.

$$f^*(r) = \lambda \exp\left(-\lambda(r - r_0)\right) \text{ si } r > r_0 \tag{2.13}$$

Le paramètre r_0 est la position du mur dans un modèle de « sphère dure », c'est à dire le point de singularité à la limite duquel le potentiel est infini.

Variable d'énergie E

La fonction de distribution pour un E donné sachant r est obtenue à l'aide de la formule suivante :

$$f_{x,y}(x,y) = f_{y|x}(y|x) f_x(x) \tag{2.14}$$

On utilise donc les équations 2.10 et 2.11 conjointement pour déduire la fonction de distribution $f_{E|r}(E|r)$:

$$f_{E|r}(E|r) = \frac{2}{\sqrt{\pi}} \frac{\sqrt{E - \phi(r)}}{(kT)^{3/2}} \exp\left(-\frac{E - \phi(r)}{kT}\right) \tag{2.15}$$

Cette fonction est la fonction de distribution associée à la fonction Γ. Les définitions sont données dans l'annexe C.3. En utilisant les notations données en annexe, nous pouvons réécrire cette distribution sous la forme suivante :

$$f_{E|r}(E|r) = g_{3/2}\left(E - \phi(r), \frac{1}{kT}\right) \tag{2.16}$$

Où $\frac{3}{2}$ est le paramètre dit « de forme », et $\frac{1}{kT} = \beta$ est le taux de décroissance. La fonction de densité de probabilité cumulée qui s'en déduit est la suivante :

$$G_{\frac{3}{2}}\left(x, \frac{1}{kT}\right) = \frac{2}{\sqrt{\pi}} \int_{\phi(r)}^{E'} dE f_{E|r}(E|r) = \frac{1}{\Gamma(\frac{3}{2})} \gamma_{\frac{3}{2}}\left(\frac{E' - \phi(r)}{kT}\right) \tag{2.17}$$

Cette dernière fonction est la fonction γ incomplète bien connue en analyse. Comme la fonction de distribution est usuelle en théorie statistique, des générateurs « préfabriqués » nous permettrons de réaliser le choix aléatoire de manière efficace et simple.

Distribution du moment angulaire $\vec{L}^2$

Pour connaître la distribution du moment angulaire sachant E et r, on utilise la formule suivante :

$$f_{x,y,z}(x,y,z) = f_{z|x,y}(z|x,y) f_{x,y}(x,y) \tag{2.18}$$

associée à la méthode de l'*échantillonnage inverse* [15, chap. 2] qui fournit un théorème permettant de générer un nombre aléatoire distribué selon n'importe quelle fonction de distribution, pour peu que l'on puisse inverser sa fonction de distribution cumulée. Le résultat pour $\vec{L}^2$, obtenu en utilisant l'équation 2.18, est donné dans l'équation suivante :

$$f_{\vec{L}^2|E,r}(\vec{L}^2|E,r) = \frac{1}{4mr^2(E - \phi(r))\sqrt{1 - \frac{\vec{L}^2}{2mr^2(E-\phi(r))}}} \tag{2.19}$$

La fonction de distribution cumulée, obtenue à l'aide d'une intégration par changement de variable, est :

$$F_{\vec{L}'^2|E,r}(L'^2|E,r) = 1 - \sqrt{1 - \frac{\vec{L}'^2}{2mr^2(E-\phi(r))}} \qquad (2.20)$$

Pour obtenir un nombre aléatoire distribué selon la loi 2.19, nous inversons la fonction de distribution cumulée 2.20. Soit p une variable aléatoire dont la fonction de densité de probabilité est une distribution uniforme sur $[0,1[$. Nous aboutissons à la formule suivante :

$$\vec{L}^2 = p(2-p)2mr^2(E-\phi(r)) \qquad (2.21)$$

Ainsi, pour une paire de valeurs quelconques r et E, nous avons une procédure qui permet d'obtenir une valeur de $\vec{L}^2$ suivant la distribution de probabilité de l'équation 2.4.

2.2.3 Position et hauteur de la barrière

Dans tous les cas, nous avons besoin de connaître la position du mur de potentiel (la figure 2.1c donne un excellent exemple) pour déterminer à quelle région appartient un point de l'espace des phases. Dans ce paragraphe, nous décrivons la méthode générale utilisée pour trouver la position de la barrière. Plutôt que de réaliser une recherche de la position, systématiquement pour chaque point de l'espace des phases, nous avons cherché à reconstituer l'allure de la position de la barrière afin de factoriser cette étape du calcul. Ainsi, nous avons modélisé les limites de chacun des domaines décrits au paragraphe 2.1.3.

Recherche de la position de la barrière

Nous utilisons une méthode de Newton-Raphson pour rechercher la position de la barrière (second extremum local en partant de l'extrémité dans le cas du potentiel de Sevastyanov-Zykov). Le problème est cependant légèrement plus complexe qu'une simple recherche d'extremum. En effet, pour des grandes valeurs de $\vec{L}^2$, la barrière n'existe plus, et le type de dimère est automatiquement déterminé comme appartenant à la région III, comme c'est le cas sur la figure 2.1d. La première étape consiste donc à déterminer la valeur de $\vec{L}^2$ pour laquelle la barrière disparaît pour ne laisser place qu'aux états du continuum. Sur la figure 2.2, cette valeur de $|\vec{L}|$ en particulier, que nous appelons $|\vec{L}_{\max}|$, correspond à l'interruption de la courbe. Cette valeur est dans le cas présent $|\vec{L}_{\max}| = 114{.}03\,\hbar$. Par la suite, pour $0 < |\vec{L}| < |\vec{L}_{\max}|$, et avec une fréquence d'échantillonnage adaptée, nous recherchons la position du mur de potentiel. La recherche procède comme suit : la valeur initiale de r est r_σ, qui est la valeur de r pour laquelle le potentiel nu est égal à zéro. Dans ce cas, nous sommes certains que la valeur de r pour la recherche du minimum local (puits de potentiel) est systématiquement plus grande que la valeur, c'est à dire que l'on a $r_{\min} > r_\sigma$. La méthode de Newton-Raphson, qui consiste à chercher un point pour lequel la fonction atteint un extremum (la dérivée est nulle), correspond à l'application de l'équation suivante :

$$r_{n+1} = r_n - \frac{f'(r_n)}{f''(r_n)} \quad (2.22)$$

On obtient ainsi la valeur de $r_{\min}$ qui désigne la valeur minimale du potentiel (puits). Par une procédure similaire, nous recherchons la position du mur de potentiel pour une valeur de départ $r_{\min} + \epsilon$. Comme la recherche se fait vers l'avant, nous avons une garantie de retrouver la position du mur lors de cette seconde recherche. Ainsi, pour chaque valeur de $\vec{L}^2$, nous avons la position de la barrière $r_{\max}$. L'allure de la fonction $r_{\text{wall}} = f(|\vec{L}|)$ est représentée sur la figure 2.2 avec $r_{\max}$ en ordonnée et $|\vec{L}|$ en abscisse. Le caractère lisse et continu de la courbe obtenue permet de réaliser une approximation au premier ordre, en faisant une estimation de cette fonction par une interpolation linéaire entre les points discrets calculés. À cause du changement de pente drastique pour les faibles valeurs de $|\vec{L}|$, nous augmentons l'échantillonnage sur cette partie de la courbe.

2.3 Application et résultats

Pour conclure, et faire la synthèse des méthodes numériques présentées précédemment, nous dénombrons les différents états et leurs contributions respectives à la polarisabilité induite. La méthode, de manière générale, est déterminée essentiellement par les fonctions de distribution des trois variables de l'espace des phases et par la détermination de la position de la barrière en fonction du moment orbital $|\vec{L}|$.

2.3.1 Version algorithmique de la méthode

L'algorithme 1 donne la méthode générale utilisée pour dénombrer les états. Comme on peut le voir, la méthode est très compacte. En général, pour les méthodes Monte-Carlo, l'erreur décroît en $\frac{1}{\sqrt{N}}$ où N est le nombre de points utilisés dans l'échantillonnage. Nous avons déterminé que 10^7 points sont suffisants pour obtenir des résultats avec une faible erreur statistique. Un avantage essentiel de cette méthode Monte-Carlo est de s'affranchir du problème des bornes en « applatissant » la difficulté, à l'aide de la détermination préalable de la fonction $f(\vec{L}^2) = r_{\max}$.

2.3.2 Résultats numériques pour la paire SF_6–N_2

En utilisant une méthode de Simpson pour intégrer la fonction suivante :

$$I(r) = \alpha^2(r) g(r) \quad (2.23)$$

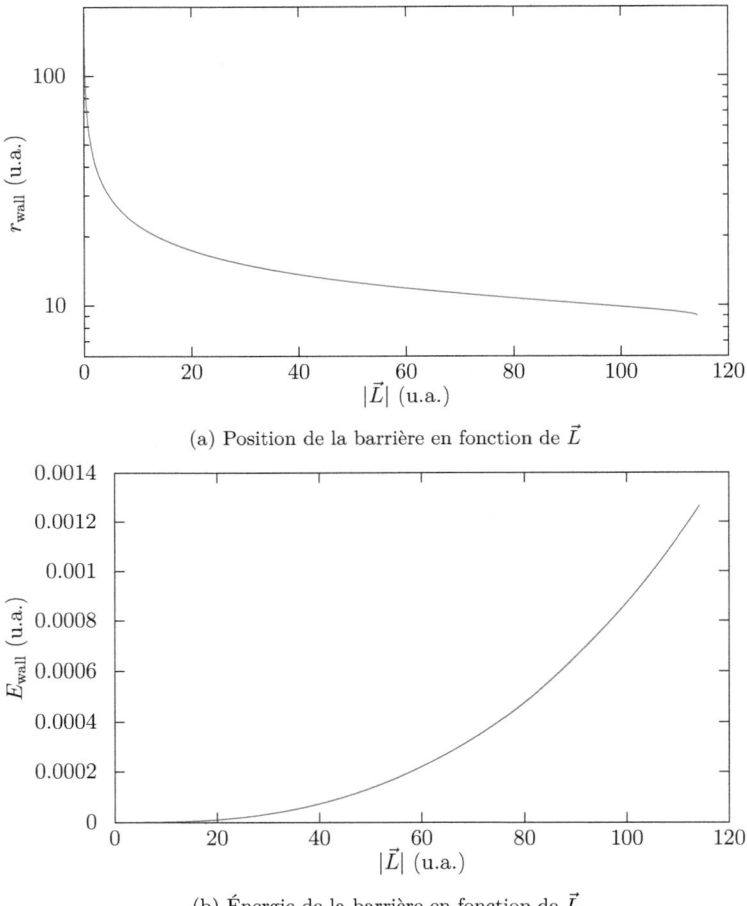

(a) Position de la barrière en fonction de $\vec{L}$

(b) Énergie de la barrière en fonction de $\vec{L}$

FIG. 2.2 : Fonction numérique donnant la position $r_{\text{wall}} = f(|\vec{L}|)$. Lorsque $|\vec{L}|$ est très faible, la valeur $r_{\max}$ dérive vers $+\infty$ rapidement. Le mur de potentiel est alors quasiment inexistant. Pour de grandes valeurs de $|\vec{L}|$, la position se stabilise avec un comportement quasi asymptotique. Au delà de ces valeurs, la barrière n'existe plus et il ne subsiste que du continuum. L'énergie de la barrière est tracée en dessous.

	région I	région II	région III	région IV	total
anisotropie (10^{-2} a_0^9)	0.981	0.514	2.83	0.128	4.45
incertitude	0.40%	0.53%	0.17%	0.53%	0.14%
contribution relative	22.05%	11.55%	63.53%	2.87%	100.00%

TAB. 2.1 : Résultats d'intégration pour 10^7 points de l'espace des phases. Le temps de calcul est d'environ une heure sur un ordinateur récent. La seconde ligne est l'incertitude relative pour un intervalle de confiance à 99.7% (3σ). La troisième ligne donne la contribution à l'anisotropie totale pour un type de dimère en particulier.

où $g(r)$ est la fonction de distribution radiale dont l'expression est donnée à l'équation 2.11, nous obtenons le résultat numérique suivant :

$$M_0 = 4\pi \int_0^{+\infty} g(r)\alpha^2(r)\mathrm{d}r = 0.044481 \tag{2.24}$$

La valeur ci-dessus correspond au moment d'ordre zéro, calculé classiquement, de l'anisotropie de la paire SF_6–N_2. Les résultats finaux obtenus par Monte-Carlo sont présentés dans le tableau 2.1 et permettent de constater la cohérence avec la valeur de l'équation 2.24. Le calcul quantique donne $M_0^{\mathrm{ani}} = 4.49 \times 10^{-2}\, a_0^9$ [16], tandis que l'expérience donne $M_0^{\mathrm{ani}}(\exp) = 5.30(80) \times 10^{-2}\, a_0^9$ [17].

Algorithme 1 Pseudo-code décrivant la mise en œuvre générale de la procédure de dénombrement des états.

1: **for** $i = 1 \to N$ **do**
2:     Choisir r suivant $f(r) = \lambda \exp(-\lambda(r - r_0))$
3:     Choisir E suivant $f(E|r) = \frac{2x^{\frac{1}{2}}\beta^{\frac{3}{2}}}{\sqrt{\pi}} \exp(-(E - \phi(r))\beta)$
4:     **if** $(E < 0)$ **then**
5:         Ajoute cette contribution à la région I
6:     **else**
7:         Choisir $\vec{L}^2$ suivant $\left(4mr^2(E - \phi(r))\sqrt{1 - \frac{\vec{L}^2}{2mr^2(E-\phi(r))}}\right)^{-1}$
8:         Position de la barrière : $r_{\mathrm{wall}} \leftarrow$ `get_r_wall(` $\vec{L}^2$ `)`
9:         Hauteur de la barrière : $E_{\mathrm{wall}} \leftarrow \phi_{\mathrm{eff}}(r_{\mathrm{wall}}, \vec{L}^2)$
10:        **if** $E > E_{\mathrm{wall}}$ **then**
11:            Ajoute cette contribution à la région III
12:        **else**
13:            **if** $r > r_{\mathrm{wall}}$ **then**
14:                Ajoute cette contribution à la région IV
15:            **else**
16:                Ajoute cette contribution à la région II
17:            **end if**
18:        **end if**
19:     **end if**
20: **end for**

2.3.3 Comparaison du résultat avec le calcul quantique

Une des motivations qui ont conduit à la mise au point de la méthode décrite ici est la comparaison de la contribution des états liés obtenue de manière quantique [18] avec la contribution classique calculée avec un profil d'anisotropie classique. Dans une description classique, tous les états sont possibles au sein du puits de potentiel. Leur probabilité d'existence est déterminée *a posteriori* d'après la fonction de partition de l'équation 2.4, et leur appartenance à l'une des régions I, II, III ou IV.

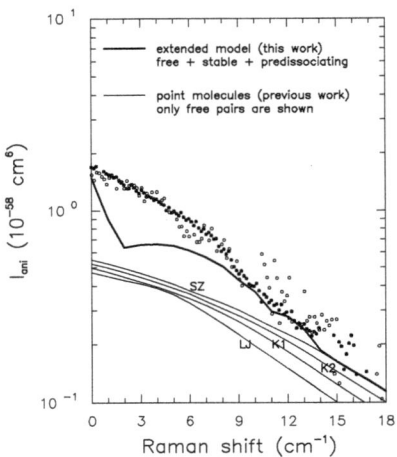

FIG. 2.3 : Contribution des dimères à l'intensité totale observée d'après les références [16, 18].

Dans une description totalement quantique, seuls des états discrets peuvent exister, qui sont solutions stationnaires de l'équation de Schrödinger.

Malgré cela, la population de ces états est déterminé d'après la même fonction de densité probabilité (équation 2.4). Pour des valeurs de J plus élevées, la distribution discrète des états n'est plus en vigueur, seuls les états dit du *continuum* subsistent. La figure 2.3 présente les résultats d'un tel calcul, comparé avec l'expérience, dans le cadre d'une étude théorique de la double diffusion vibrationnelle par la paire $SF_6(\nu_1)$–$N_2(\nu_1)$ [16]. L'étude du spectre isotrope[1] de cette transition rapporte explicitement la distribution de l'intensité pour les différents types de dimère [18]. Dans cette étude, 30 % de l'intensité totale est associée aux états stables, et 10 % aux états métastables[2]. Ce résultat est cohérent avec nos propres calculs. En particulier, la contribution des états métastables est pratiquement équivalente pour les deux études. La différence de contribution observée pour les états métastables (30 % et 22 % respectivement) est expliquée par le fait que l'intensité isotrope comporte un terme dominant en R^{-6} aux courtes distances, tandis que la contribution dominante dépend de R^{-3} dans une représentation classique du processus dipôle induit-dipôle [3]. Cette explication est néanmoins assez simpliste, car elle ne prend pas en compte l'influence d'autre mécanismes de modification de la polarisabilité.

---

[1] D'un point de vue théorique, l'étude du spectre isotrope est simplifiée par rapport à celle du spectre anisotrope, seules les transitions $\Delta J = 0$ étant permises.
[2] Ces états sont appelés *predissociating dimers* dans les références citées.

Conclusion et perspectives

Concernant le principe de cette méthode, il est important de souligner l'importance de la première étape, nécessaire, qui est de déterminer comment la barrière de potentiel, due au moment angulaire de la paire, évolue en fonction de $|\vec{L}|$. Cette grandeur correspond en fait à un degré de liberté supplémentaire de la quasi-particule, dont l'équivalent quantique est le nombre quantique rotationnel J correspondant aux opérateurs de moment angulaire. La détermination de la position de cette barrière conditionne par la suite la vitesse du calcul.

Une fois celle-ci connue, on peut utiliser un grand nombre de tirages aléatoires pour obtenir le résultat avec une précision voulue, l'incertitude décroissant comme $1/\sqrt{N}$.

Cette méthode permet d'estimer, de façon fiable, pour chaque type de dimère possible, la contribution à la polarisabilité induite, lorsque cette dernière dépend d'une variable de position r. Cette description de la polarisabilité induite est très liée à l'étude des complexes formés par les atomes de gaz rares, car ces derniers ont une symétrie sphérique. Malgré cela, cette méthode peut aussi être appliquée à des espèces moléculaires avec succès, lorsque la symétrie est non-sphérique, pourvu que le choix du potentiel et de la représentation de la polarisabilité induite par les collisions soit pertinent.

D'autre part, un développement de cette procédure consisterait à inclure les contributions multi-polaires. En effet, la méthode de Monte-Carlo permet de résoudre des problèmes d'intégration lorsque le nombre de dimensions est trop important pour des méthodes numériques « classiques » (par exemple, méthode de Simpson ou méthode de Runge-Kutta). Nous espérons que dans le futur, une telle extension de cette méthode puisse être réalisée.

Bibliographie

[1] M. F. Crawford, H. L. Welsh, and J. L. Locke. Infra-red absorption of oxygen and nitrogen induced by intermolecular forces. *Phys. Rev.*, 75 :1607–1607, 1949.

[2] Z. J. Kiss and H. L. Welsh. Pressure-induced infrared absorption of mixtures of rare gases. *Phys. Rev. Lett.*, 2 :166–168, 1959.

[3] Lothar Frommhold. *Collision-Induced Scattering of Light and the Diatom Polarizabilities*, pages 1–72. John Wiley & Sons, Inc., 2007.

[4] J. P. McTague and George Birnbaum. Collision-Induced Light Scattering in Gaseous Ar and Kr. *Phys. Rev. Lett.*, 21 :661–664, 1968.

[5] Ubaldo Bafile, Lorenzo Ulivi, Marco Zoppi, Fabrizio Barocchi, and Lothar Frommhold. Interaction-induced light scattering by gaseous methane : The bound dimer contribution $(CH_4)_2$. *Phys. Rev. A*, 50 :1172–1177, 1994.

[6] Yves Le Duff. Double incoherent light scattering induced by molecular interactions in binary mixtures. *The Journal of Chemical Physics*, 119(4) :1893–1896, 2003.

[7] M. Chrysos, S. Dixneuf, and F. Rachet. Anisotropic collision-induced Raman scattering by Ne–Ne : Evidence for a nonsmooth spectral wing. *Phys. Rev. A*, 80 :054701, 2009.

[8] A. Senchuk and G. C. Tabisz. Second-order collision-induced light scattering : a spherical tensor approach. *Journal of Raman Spectroscopy*, 42(5) :1049–1054, 2011.

[9] Tadeusz Bancewicz. Asymptotic multipolar expansion of collision-induced properties. *The Journal of Chemical Physics*, 134(10) :104309, 2011.

[10] A.A. Vigasin. On the possibility to quantify contributions from true bound and metastable pairs to infrared absorption in pressurised water vapour. *Molecular Physics*, 108(18) :2309–2313, 2010.

[11] Howard B. Levine. Spectroscopy of dimers. *The Journal of Chemical Physics*, 56(5) : 2455–2473, 1972.

[12] C.G. Gray and K.E. Gubbins. *Theory of Molecular Fluids : I : Fundamentals*. International Series of Monographs on Chemistry. OUP Oxford, 1984.

[13] Filadelfo C. Santos, Vitorvani Soares, and Alexandre C. Tort. Determination of the apsidal angles and bertrand's theorem. *Phys. Rev. E*, 79 :036605, 2009.

[14] Daniel E. Stogryn and Joseph O. Hirschfelder. Contribution of bound, metastable, and free molecules to the second virial coefficient and some properties of double molecules. *The Journal of Chemical Physics*, 31(6) :1531–1545, 1959.

[15] L. Devroye. *Non-uniform random variate generation*. Springer-Verlag, 1986.

[16] I. A. Verzhbitskiy, M. Chrysos, and A. P. Kouzov. Double vibrational collision-induced Raman scattering by SF_6–N_2 : Beyond the point-polarizable molecule model. *Phys. Rev. A*, 82 :052701, 2010.

[17] I. A. Verzhbitskiy, M. Chrysos, F. Rachet, and A.P. Kouzov. Evidence for double incoherent Raman scattering in binary gas mixtures : SF_6-N_2. *Phys. Rev. A*, 81 : 012702, 2010.

[18] M. Chrysos and I. A. Verzhbitskiy. Evidence for an isotropic signature in double vibrational collision-induced Raman scattering : A point-polarizable molecule model. *Phys. Rev. A*, 81 :042705, 2010.

Chapitre 3

Expérience de diffusion Raman

Sommaire

Introduction			59
3.1	**Acquisition des spectres expérimentaux**		59
	3.1.1	Montage expérimental	59
	3.1.2	Procédure d'enregistrement	61
	3.1.3	Programme d'acquisition : paramètres	61
	3.1.4	Calibration en unités absolues	62
3.2	**Calibration des spectres**		64
	3.2.1	Section efficace de diffusion du dihydrogène	64
	3.2.2	Anisotropie de la transition	66
	3.2.3	Fonction de partition du dihydrogène	66
	3.2.4	Pression et densité de dihydrogène	67
	3.2.5	Calibration des spectres expérimentaux	68
	3.2.6	Calculs de densité moléculaire	70
3.3	**Exploitation des spectres**		72
	3.3.1	Spectre isotrope et anisotrope	72
	3.3.2	Interprétation des intensités intégrées	73
	3.3.3	Séparation des contributions binaires et linéaires	74
	3.3.4	Calcul des moments spectraux	75
3.4	**Spectres résolus en fréquence**		76
	3.4.1	Régression linéaire résolue en fréquence	76
	3.4.2	Spectre binaire déduit des hautes densités	77
	3.4.3	Soustraction du spectre binaire	77

Introduction

L'expérience de diffusion Raman du laboratoire que nous avons utilisé pendant cette thèse est en place depuis de nombreuses années et a permis d'étudier de nombreux phénomènes de diffusion, aussi bien en physique moléculaire [1, 2, 3, 4] qu'en physique atomique [5, 6, 7, 8].

Concernant la diffusion moléculaire, on peut d'abord évoquer les processus Raman « standards » qui sont des processus mettant en jeu le moment dipolaire électrique des molécules induit par un champ électrique extérieur. Ces processus sont usuellement ceux qui donnent les spectres Raman les plus intenses. L'intensité des processus Raman « standards » tend à décroître à mesure que l'ordre du mode de vibration croît, c'est à dire que les bandes de transition impliquant des bandes de combinaison ou des harmoniques sont moins intenses de plusieurs ordres de grandeurs par rapport aux bandes fondamentales.

Les premières utilisations du montage expérimental de notre institut se situent dans la lignée des études pionnières réalisées par le groupe de Frommhold aux États-Unis (Austin, Texas) qui concernaient les modifications de polarisabilité induites par les collisions dans les gaz nobles [9]. La très grande sensibilité de ce montage permet des investigations poussées aussi bien en physique moléculaire qu'en physique atomique. Un exemple d'observation réalisée avec ce montage est la première mise en évidence du phénomène de double diffusion Raman en phase gazeuse, reportée par Yves Le Duff, concernant le méthane et le tétrafluorure de carbone [1, 10]. Ce phénomène particulier a fait l'objet d'une étude récente au sein de l'institut, concernant le mélange N_2–SF_6 [2, 3, 11].

Le dispositif expérimental de notre équipe est donc spécialement dédié à l'étude des processus de diffusion lumineuse de très faible intensité. Sa très grande sensibilité, ainsi que la possibilité d'étudier les spectres dans deux géométries distinctes, permettent une étude approfondie et fiable des interactions à deux corps et des processus de diffusion induits par les transitions moléculaires.

3.1 Acquisition des spectres expérimentaux

3.1.1 Montage expérimental

Dans le paragraphe qui suit, nous décrivons, d'un point de vue technique, les caractéristiques de ce montage.

La source d'excitation de l'échantillon est un laser solide doté d'une matrice Nd:YV04, pompé par diode et doublé en fréquence. La longueur d'onde du laser est $\lambda_L = 532\,\text{nm}$, soit, en terme de nombre d'onde, $\sigma_L = 18\,797\,\text{cm}^{-1}$. La puissance, stabilisée par commande numérique, est $P_L = 2\,\text{W}$ à la sortie du laser. Le plan de diffusion est défini par la direction de propagation du faisceau incident et la direction de propagation du faisceau diffusé à

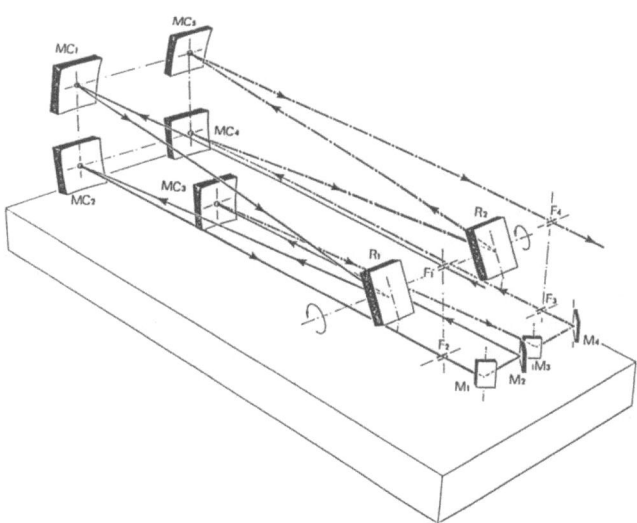

FIG. 3.1 : Schéma optique du spectroscope. Il s'agit d'un double monochromateur, car il dispose de deux réseaux (R1 et R2). La fente d'entrée est la fente F_1. Chacune des fentes $F_{i\,=\,1,2,3}$ sélectionne une partie de la lumière incidente. Les miroirs MC_i sont des miroirs courbes, tandis que les miroirs M_i sont des miroirs plans. Un miroir plan non représenté sur ce schéma renvoie le faisceau vers le détecteur (CCD) juste avant la fente de sortie F_4. Ce détecteur est disposé horizontalement sous un cryostat rempli d'azote liquide qui permet de porter sa température à environ 140 K afin de minimiser le bruit thermique.

90°. Ce plan est horizontal dans le repère du laboratoire.

La lumière est, par construction, polarisée perpendiculairement ($\perp$) au plan de diffusion. Pour obtenir une polarisation horizontale ($\parallel$), nous utilisons une lame rotatoire de type $\lambda/2$ adaptée à la longueur d'onde. Les éventuels résidus de la composante verticale sont éliminés par un polariseur à prisme dit de Glan-Thomson placé en aval de la lame $\lambda/2$.

Le double monochromateur utilisé pour analyser la lumière diffusée à 90° est basé sur une configuration de type Czerny-Turner, dont un schéma est donné sur la figure 3.1. Il est équipé de deux réseaux holographiques plans gravés à 1800 traits/mm.

La lumière diffusée, après dispersion des composantes spectrales, est recueillie par une matrice CCD dont la taille est de 1024×256 pixels, chaque pixel ayant une dimension de 27 µm × 27 µm. La matrice CCD a sa longueur orientée suivant la direction de dispersion du spectrographe. La lumière recueillie par une colonne peut de ce fait être sommée sur les 256 pixels de hauteur pour donner un nombre de photons effectif par colonne. Chaque colonne fonctionne ainsi comme un photo-détecteur pour un intervalle spectral de l'ordre de $0.2\,\text{cm}^{-1}$.

> **Prétraitement des spectres**
> - Soustraction du courant d'obscurité mesuré dans les parties aveugles.
> - Filtrage des rayons cosmiques et du bruit.
> - Moyennage des spectres enregistrés.
> - Spectre résultant en coups par secondes, indexé de 1 à 1024.

> **Correction des intensités, calibration en fréquence**
> - Corrections des non-linéarités de la CCD.
> - Transformation de l'indice du pixel en nombres d'onde.
> - Prise en compte de la courbe de transmission du montage.

> **Extraction du signal physique**
> - Calibration en échelle absolue à l'aide d'une normalisation par la section efficace du H_2 (transition rotationnelle $S_0(1)$).
> - Séparation des composantes isotropes et anisotropes
> - Régressions linéaires, obtentions des composantes binaires et linéaires.
> - Calcul des moments spectraux des différentes transitions.

Fig. 3.2 : Procédure de traitement des enregistrements en trois étapes successives.

3.1.2 Procédure d'enregistrement

Dans le cadre de l'acquisition d'un spectre Raman, plusieurs étapes s'enchaînent, de l'enregistrement à l'exploitation des mesures. La procédure générale est résumée sur la figure 3.2. Dans le paragraphe suivant, nous allons étudier plus particulièrement les deux premières étapes de cette procédure. La troisième étape sera l'objet de la partie 3.1.4.

3.1.3 Programme d'acquisition : paramètres

La procédure d'enregistrement d'un spectre repose sur le choix de deux paramètres particuliers. Le premier est la durée de l'enregistrement, qui correspond au temps d'accumulation des électrons sur la CCD. Ce temps peut varier de une seconde à plusieurs heures, lorsque le signal à acquérir est faible. Le second paramètre est le nombre de spectres à enregistrer. À cause de la fréquente incidence de rayons cosmiques sur le capteur, il est nécessaire de collecter une statistique suffisante afin d'éliminer les perturbations induites par les muons et autres particules résultant de la traversée de l'atmosphère par les particules à haute énergie. En règle générale, nous choisissons d'enregistrer sept spectres avec des temps d'enregistrement identiques, pour, en en faisant la moyenne, obtenir un seul spectre final. Ce choix est un compromis entre une sensibilité élevée, qui implique des longs temps d'acquisition, et une statistique suffisante pour filtrer les rayons cosmiques indésirables. Il est important de préciser que la CCD n'est pas intégralement éclairée par le faisceau. Sur les 1024 pixels de sa longueur, il y en a ainsi une centaine à chacune de ses extrémités qui, étant « aveugles », permettent de définir en temps réel le niveau de base du signal. Ainsi est calculé le courant d'obscurité dont il est fait mention dans la figure 3.3.

Traitement des données

Les données obtenues selon la procédure décrite ci-dessus sont traitées par une chaîne de programmes dont les rôles sont résumés dans les deux premiers encarts de la figure 3.2 et dont les fonctionnements sont décrits en détail dans les références [12, 13]. La procédure de filtrage des rayons cosmiques se fait de manière heuristique, et quelques variantes de l'algorithme initial ont été utilisées. Les étapes successives de pré-traitement (premiers encarts de la figure 3.2) sont résumés sur la figure 3.3.

3.1.4 Calibration en unités absolues

La molécule de dihydrogène est certainement un des complexes moléculaires les plus simples qui soient. Ainsi, les valeurs obtenues par calcul *ab initio* des éléments de matrice de polarisabilités sont supposées extrêmement fiables. D'autre part, les raies de transition du dihydrogène ont une intensité très élevée comparativement aux transitions que nous étudions. L'enregistrement d'une telle raie à des fins de calibration d'une série de mesure est donc un processus rapide et fiable permettant de convertir *a posteriori* les intensités mesurées en unités absolues. Pour les raisons évoquées précédemment, ce gaz est utilisé comme étalon dans toutes nos expériences. Cette méthode est également définie comme un standard pour la calibration des intensités Raman dans la référence [14].

Stabilité de la lentille de focalisation

La stabilité mécanique du montage n'est pas parfaitement garantie. Le réglage étant particulièrement sensible, un déplacement aussi minime soit-il, de quelque paramètre que ce soit, a une incidence importante sur la sensibilité finale. C'est la raison pour laquelle, au début et à la fin de chaque série d'acquisition, on enregistre l'intensité d'une des raies rotationnelles de la molécule H_2 sous forme gazeuse. Ceci permet de prendre en compte une dérive éventuelle du réglage du montage au cours des enregistrements.

Lors de l'enregistrement du signal correspondant à une raie rotationnelle de l'hydrogène, réalisé à des fins de calibration, la pression du gaz dans la cuve est en équilibre avec la pression atmosphérique.

Mesure du bruit blanc

- Sélection des pixels de la partie aveugle (colonnes 920 à 1020).
- Calcul de la médiane M de cet ensemble de colonnes.
  $$M = \frac{\max e_i - \min e_i}{2}$$
- Suppression des pixels tels que $f_i \leftarrow \{e_i | e_i \notin [M - 100\,;M + 100]\}$
- Calcul de la médiane M' telle que $M' = \dfrac{\max f_i - \min f_i}{2}$
- Suppression des pixels tels que $g_i \leftarrow \{f_i | f_i \notin [M - 20\,;M + 20]\}$
- Calcul de la moyenne $\bar{g}$ de l'intensité observée dans la partie aveugle.

Nettoyage des spectres

- Pour chaque colonne de la CCD :
  - Soustraction du courant d'obscurité de la CCD
  - Suppression d'un éventuel rayon cosmique
  - Filtrage du bruit résiduel
  - Retour de l'intensité moyenne enregistrée
- Retour d'un unique spectre nettoyé

FIG. 3.3 : Procédure de nettoyage des spectres enregistrés

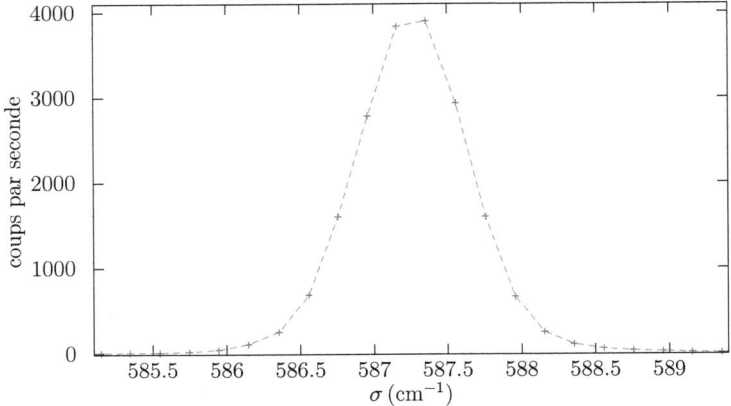

FIG. 3.4 : Raie rotationnelle $S_0(1)$ de la molécule de H_2.

Dans ce qui suit, nous allons donner l'expression théorique de la section efficace de diffusion du H_2 et la procédure de normalisation des spectres qui en découle. Au cours de ce travail, nous avons systématiquement calibré les spectres en unité d'intensité absolue en utilisant comme référence l'intensité intégrée de la raie rotationnelle $S_0(1)$ du dihydrogène dont la fréquence Raman se situe à environ $587\,\mathrm{cm}^{-1}$. À titre d'illustration, un enregistrement typique de cette raie est présenté sur la figure 3.4.

3.2 Calibration des spectres

3.2.1 Section efficace de diffusion du dihydrogène

Les sections efficaces de diffusion pour le dihydrogène ont pour expression exacte les formules 3.1 et 3.2 pour les configurations respectivement verticale et horizontale, c'est à dire respectivement pour une polarisation perpendiculaire ($\perp$) ou parallèle ($\parallel$) au plan de diffusion :

$$\left(\frac{d\sigma}{d\Omega}\right)_{\perp} = \frac{7}{45} \times n_{H_2} \times k_0 k_S^3 \times \beta_J^2 \times P_J \times \frac{3}{2}\frac{(J+1)(J+2)}{(2J+1)(2J+3)} \tag{3.1}$$

$$\left(\frac{d\sigma}{d\Omega}\right)_{\parallel} = \frac{6}{45} \times n_{H_2} \times k_0 k_S^3 \times \beta_J^2 \times P_J \times \frac{3}{2}\frac{(J+1)(J+2)}{(2J+1)(2J+3)} \tag{3.2}$$

Dans ces deux dernières expressions, les facteurs 7/45 et 6/45 correspondent au moyennage spatial de l'anisotropie, dont le calcul est détaillé dans la section 1.1. La quantité n_{H_2} est la densité de dihydrogène. Le calcul de sa valeur est explicité dans le paragraphe 3.2.4. Les termes k_0 et k_s sont les normes des vecteurs d'onde respectivement du laser et de la lumière diffusée. Les trois derniers termes correspondent à l'expression théorique de l'intensité de la transition, où β_J est l'anisotropie de la transition, P_J la population du niveau initial et le dernier terme est le terme de couplage angulaire. La polarisabilité scalaire des molécules de dihydrogène est nulle en ce qui concerne les transitions rotationnelles. Ceci explique que seule l'anisotropie β_J de la molécule intervienne dans les calculs de section efficace et que les deux sections efficaces $\left(\dfrac{d\sigma}{d\Omega}\right)_\parallel$ et $\left(\dfrac{d\sigma}{d\Omega}\right)_\perp$ ont un rapport idéal de 6/7.

Compteur de photons

Les lois de l'électromagnétisme classique prédisent que la puissance rayonnée par un dipôle oscillant est proportionnelle à la fréquence d'oscillation de ce dipôle élevée à la puissance quatre. Ainsi, l'expression de la section efficace d'un phénomène de diffusion par un dipôle induit comporte, souvent écrit de manière implicite, le terme $(k_0 - k_i)^4$, où $k_i = 2\pi\nu_i$, ν_i étant la fréquence Raman de la transition observée et où k_0 est la fréquence excitatrice du laser ($k_i \neq 0$ dans le cas de la diffusion Raman, $k_i = 0$ dans le cas de la diffusion Rayleigh). Dans la suite du texte, nous noterons $k_s = k_0 - k_i$ où l'indice s signifie *scattered* (diffusé).

De manière tout à fait générale, la section efficace par unité d'angle solide est définie comme le rapport de la puissance diffusée à la fréquence Raman ν_s, $P_S(\nu_S)$, sur la puissance incidente P_0. Cette quantité est ensuite intégrée sur l'échelle des nombres d'onde, dont la graduation est usuellement exprimée en cm^{-1}. D'autre part, nous savons, par les équations de l'électromagnétisme classique, que la section efficace ainsi définie est proportionnelle à la quantité k_s^4, de telle sorte que l'on peut écrire très généralement :

$$\frac{\int P_s(\nu)d\nu}{P_0} = \left(\frac{d\sigma}{d\Omega}\right) = k_s^4 \times n \times \mathcal{Z} \qquad (3.3)$$

La quantité n est la concentration de diffuseurs dans le milieu étudié ; $\mathcal{Z}$ est un invariant dépendant du tenseur de polarisabilité d'un diffuseur isolé (molécule, atome, dimère, etc.).

La quantité mesurée avec un capteur de photons est $\dfrac{N_s(\nu)}{N_0}$, soit le rapport du nombre de photons diffusé sur le nombre de photons incidents. Si l'on convertit le nombre de photons diffusés par unité de temps, N_s, en puissance, on a donc $P_s(\nu) = N_s(\nu)\hbar k_s$.

Si l'on souhaite convertir cette expression en un rapport de puissance, nous écrirons donc :

$$\left(\frac{d\sigma}{d\Omega}\right) = \int d\nu \frac{N_s(\nu)k_s}{N_0 k_0} k_s^4 \times n \times \mathcal{Z} \qquad (3.4)$$

On obtient donc la section efficace suivante, correspondant à un flux de photons :

$$\left(\frac{d\sigma}{d\Omega}\right) = \int d\nu \frac{N_s(\nu)}{N_0} = k_0 k_s^3 \times n \times \mathcal{Z} \qquad (3.5)$$

Le nombre de photons diffusé est donc proportionnel à $k_0 k_s^3$. C'est pourquoi les sections efficaces mesurées au photomultiplicateur ou avec une CCD comportent un terme en $k_0 k_s^3$.

3.2.2 Anisotropie de la transition

L'anisotropie β_J à la fréquence incidente du laser a été tabulée d'après [15, 16]. Pour $J = 1$, l'anisotropie correspondante est $\beta_J = 3.184 \times 10^{-25}\,\text{cm}^3$. Le nombre P_J est la population des molécules de dihydrogène dans l'état initial de nombre rotationnel J et de nombre vibrationnel $v = 0$. Le calcul de la somme de partition rotationnelle de l'hydrogène et de la population P_J est détaillé dans la partie 3.2.3. La référence [17] donne les constantes rotationnelles des gaz hydrogénoïdes. Ces constantes rotationnelles sont utilisées dans le calcul de la somme de partition pour déterminer les niveaux d'énergie de la molécule. La quantité $k_0 = 2\pi \times 18\,797\,\text{cm}^{-1}$ est la norme du vecteur d'onde de la lumière incidente (laser). La fréquence de transition de la raie $S_0(1)$ du dihydrogène est $\nu_{H_2} = 587.1\,\text{cm}^{-1}$. On a donc $k_s = 2\pi\,(18797 - 587.2)\,\text{cm}^{-1}$. Ces différentes valeurs permettent donc de calculer numériquement une valeur pour la section efficace de la transition utilisée comme référence de calibration.

3.2.3 Fonction de partition du dihydrogène

Le nombre P_J est la probabilité au sein d'une statistique de Boltzmann pour le niveau ro-vibrationnel ($v = 0$, J) :

$$P_J = g_J \frac{2J+1}{Q_R^J} \exp\left(-\frac{E_0(J)}{k_B T}\right) \tag{3.6}$$

$$Q_R^J = \sum_J g_J\,(2J+1) \exp\left(-\frac{E_0(J)}{k_B T}\right) \tag{3.7}$$

Dans cette expression, le terme $(2J+1)$ est la dégénérescence du mode rotationnel associé au moment angulaire J [18], le facteur g_J est le facteur de dégénérescence nucléaire et le nombre Q_R^J est la somme de partition rotationnelle de l'hydrogène.

Énergie de la rotation

Le terme d'énergie s'écrit, en considérant les corrections au modèle du rotateur rigide :

$$E_0(J) = BJ(J+1) - DJ^2(J+1)^2 + HJ^3(J+1)^3 \tag{3.8}$$

Les valeurs des constantes utilisées dans le calcul de l'énergie de la transition sont :

$$B = 59.3392\,\text{cm}^{-1}\ ;\ D = 0.045\,99\,\text{cm}^{-1}\ ;\ H = 5.2 \times 10^{-5}\,\text{cm}^{-1}$$

Spin nucléaire de l'hydrogène

La nature fermionique des noyaux d'hydrogène impose l'antisymétrie de la fonction d'onde totale sous permutation des coordonnées nucléaires. Les fonctions d'onde rotationnelles sont des harmoniques sphériques de rang pair ou impair. Or la fonction d'onde nucléaire est un état triplet dans le cas de l'orthohydrogène (état trois fois dégénéré avec des projections de spin M_l =1, 0 et −1). Cette fonction d'onde nucléaire est alors symétrique sous une opération de parité. Dans ce cas, seuls les nombres rotationnels impairs sont permis pour assurer l'antisymétrie de la fonction d'onde totale. Pour le parahydrogène, la fonction d'onde nucléaire est impaire. En conséquence, seuls les nombres rotationnels pairs sont permis.

- Pour un J impair, $J = 2k + 1$ avec $k \in \mathbb{N}$, l'harmonique sphérique de la fonction d'onde rotationnelle est impaire. Les noyaux ont donc un vecteur de spin qui est colinéaire, avec trois états possibles. La dégénérescence due au spin nucléaire est triple. On a donc $g_{2k+1} = 3$

- Pour un J pair, $J = 2k$ avec $k \in \mathbb{N}$, l'harmonique sphérique est paire. Les spins des noyaux sont donc opposés. La dégénérescence due au spin nucléaire est simple. Donc $g_{2k} = 1$.

Calcul effectif de population

La transition $S_0(1)$, située à approximativement 587 cm^{-1}, a été systématiquement utilisée dans ce travail. La somme de partition calculée numériquement à l'aide d'une boucle vaut $Q_R = 7.635\,18$. Le calcul des populations est donné dans le tableau 3.1 pour les nombres rotationnels allant de $J = 0$ à $J = 4$. Seules 13.1% des molécules de dihydrogène sont dans leur état fondamental à la température ambiante $T = 294.5$ K. Ceci justifie l'utilisation de la transition $S_0(1)$ comme étalon.

	$J = 0$	$J = 1$	$J = 2$	$J = 3$	$J \geq 4$
$P(J)$	13.097 %	66.071 %	11.594 %	8.759 %	0.479 %

TAB. 3 1 : Population des différents états rotationnels du dihydrogène pour $T = 294.5$ K.

3.2.4 Pression et densité de dihydrogène

En spectroscopie Raman, la valeur de la section efficace pour une transition moléculaire donnée dépend de la densité du milieu, c'est à dire de la concentration du milieu en diffuseurs individuels. Le faisceau laser est focalisé sur un petit volume de la cuve qui contient l'échantillon. Pour établir la densité au sein de la cuve, il est nécessaire de connaître la température ainsi que la pression. Nous fixons *a priori* la température dans tous nos calculs égale à $T = 294.5$ K, pour tenir compte de l'échauffement de la cellule dû au rayonnement du laser et de la température de consigne de la pièce fixée à 21 °C. Lors d'une mesure d'étalonnage, la pression du dihydrogène dans la cuve est toujours en équilibre avec la pression atmosphérique. Cette dernière connaît des petites fluctuations dues aux aléas du climat. Les valeurs de la pression atmosphériques sont notées lors de chaque remplissage de la cuve d'après le relevé de la station météorologique de Beaucouzé qui jouxte le campus universitaire. Le nombre de molécules de H_2 par unité de volume s'exprime alors comme :

$$n_{H_2} = n_0 \times \left(\frac{P}{P_0}\right) \times \left(\frac{T_0}{T}\right) \tag{3.9}$$

avec $P_0 = 101\,325$ Pa et n_0 qui est la constante de Loschmidt à la température $T_0 = 273.15$ K et à la pression P_0. Si l'on exprime la densité en amagats, on a simplement :

$$\rho = \frac{n}{n_0} = \left(\frac{P}{P_0}\right)\left(\frac{T_0}{T}\right) \text{ amg} \tag{3.10}$$

L'équation du viriel n'est pas utilisée ici car les corrections apportées sont de l'ordre de quelques dixièmes de pourcent lorsque la pression est de l'ordre de la pression atmosphérique.

3.2.5 Calibration des spectres expérimentaux

Sections efficaces du dihydrogène : valeurs numériques

Les intensités intégrées (sections efficaces) mesurées sur les spectres expérimentaux sont exprimées relativement à la section efficace de la raie du dihydrogène utilisée pour la calibration. Les valeurs numériques pour les sections efficaces du dihydrogène, calculées d'après la procédure de la section 3.2, sont les suivantes :

$$\left(\frac{d\sigma}{d\Omega}\right)_{\parallel} \simeq 2.4 \times 10^{-11} \text{ cm}^{-1}$$
$$\left(\frac{d\sigma}{d\Omega}\right)_{\perp} \simeq 2.7 \times 10^{-11} \text{ cm}^{-1}$$

Pour illustrer la faible intensité des signaux que nous mesurons, il est intéressant de noter, à titre d'exemple, qu'en polarisation horizontale, l'harmonique $2\nu_5$ du SF_6, pour la densité la plus élevée que nous avons sondée, a une section efficace quatre ordres de grandeur plus faible que la section efficace du H_2 à la pression atmosphérique. Cette dernière remarque ne serait pas complète sans souligner que la raie du dihydrogène est extrêmement étroite, ce qui réduit le temps d'acquisition par rapport à des transitions dont l'intensité est distribuée sur un large domaine spectral.

Analyse dimensionnelle et facteurs de calibration

Une analyse dimensionnelle des équations 3.1 et 3.2 nous montre que les sections efficaces des raies rotationelles du dihydrogène ont la dimension suivante :

$$[L]^{-3} \times [L]^{-4} \times [L]^6 = [L]^{-1} \tag{3.11}$$

On note $A_{\|,\perp}$ les intensités intégrées du dihydrogène mesurées par le détecteur. L'unité usuelle pour cette quantité est en coup par seconde par cm^{-1}. En effet, les intensités expérimentales de la raie de dihydrogène utilisée comme étalon sont mesurées en coups par seconde à l'issue de la mesure, puis multipliées par l'inverse d'une distance car l'intensité est intégrée sur une échelle des abscisses exprimée en nombre d'onde. On en déduit des expressions pour les facteurs de calibration, respectivement pour les configurations horizontale et verticale :

$$C_\| = \frac{1}{A^{\text{int}}_{\|,H_2}} \times \left(\frac{d\sigma}{d\Omega}\right)_{\|,H_2} \tag{3.12}$$

$$C_\perp = \frac{1}{A^{\text{int}}_{\perp,H_2}} \times \left(\frac{d\sigma}{d\Omega}\right)_{\perp,H_2} \tag{3.13}$$

Chaque spectre expérimental obtenu est ainsi multiplié par ce facteur, déterminé d'après la procédure décrite plus en amont dans ce texte. Les spectres résultants sont ainsi exprimés en cm, car les spectres expérimentaux sont exprimés en coup par secondes à l'issu de la procédure d'acquisition.

Formules de calibration développées

Si l'on veut exprimer, en fonction de toutes les quantités évoquées plus haut, les facteurs de calibration des équations 3.13 et 3.12 pour un signal totalement linéaire, on a respectivement, en configuration verticale ($\perp$) et en configuration horizontale ($\|$) :

$$I_1^\perp(\nu) = k_0 k_s^3 \frac{7\beta_J^2}{45} P_J \frac{3}{2} \frac{(J+1)(J+2)}{(2J+1)(2J+3)} \left(\frac{I(\nu)}{A^{\text{int}}_{\perp,H_2}}\right) \left(\frac{n_{H_2}}{n_{SF_6}}\right) \tag{3.14}$$

$$I_1^\|(\nu) = k_0 k_s^3 \frac{6\beta_J^2}{45} P_J \frac{3}{2} \frac{(J+1)(J+2)}{(2J+1)(2J+3)} \left(\frac{I(\nu)}{A^{\text{int}}_{\|,H_2}}\right) \left(\frac{n_{H_2}}{n_{SF_6}}\right) \tag{3.15}$$

Pour un signal binaire exclusivement, on a :

$$I_2^\perp(\nu) = k_0 k_s^3 \frac{7\beta_J^2}{45} P_J \frac{3}{2} \frac{(J+1)(J+2)}{(2J+1)(2J+3)} \left(\frac{I(\nu)}{A^{\text{int}}_{\perp,H_2}}\right) \left(\frac{2n_{H_2}}{n_{SF_6}^2}\right) \tag{3.16}$$

$$I_2^\|(\nu) = k_0 k_s^3 \frac{6\beta_J^2}{45} P_J \frac{3}{2} \frac{(J+1)(J+2)}{(2J+1)(2J+3)} \left(\frac{I(\nu)}{A^{\text{int}}_{\|,H_2}}\right) \left(\frac{2n_{H_2}}{n_{SF_6}^2}\right) \tag{3.17}$$

Nous verrons que préalablement à l'utilisation de ces formules, il est nécessaire de séparer contributions binaire et linéaire, ce qui est souvent difficile si l'on ne considère que les spectres résolus en fréquence (section 3.4). D'autre part, ces expressions ont un dénominateur commun constitué par les facteurs de calibration décrits aux équations 3.12 et 3.13, et il est beaucoup plus commode de réaliser cette opération une fois pour toute à l'aide de ces facteurs, puis de ne considérer la normalisation par la densité du mélange étudié qu'en dernier lieu.

3.2.6 Calculs de densité moléculaire

Constante de Loschmidt

Dans un gaz parfait, la formule reportée ci-dessous s'applique :

$$PV = Nk_BT \tag{3.18}$$

où k_B est la constante de Boltzmann, T est la température, N un nombre de molécules, P la pression et V le volume. Ainsi, la densité n d'un gaz parfait obéit à la loi suivante :

$$n = \frac{N}{V} = \frac{P}{k_BT} \tag{3.19}$$

Les valeurs de n, définies de cette manière, sont peu commodes à manipuler numériquement si l'unité de volume est le mètre cube. On a recourt à l'unité réduite qu'est l'amagat, définie par $\rho = \frac{n}{n_0}$, où n_0 est la constante de Loschmidt,

$$n_0 = \frac{P_0}{k_BT_0} = 2.686\,777\,4 \times 10^{26}\,\text{m}^{-3} \tag{3.20}$$

La définition de l'amagat dépend donc des valeurs de P_0 et T_0 utilisées. Les recommandations sont de définir n_0 avec les paramètres respectifs de pression et de température suivant : $P_0 = 1\,\text{atm} = 101\,325\,\text{Pa}$ et $T_0 = 273.15\,\text{K}$. La valeur donnée à l'équation 3.20 est la valeur recommandée par le groupe de travail CODATA [19]. Cette convention sera observée tout au long de ce travail.

Équation du viriel

En général, la loi du gaz parfait est une excellente approximation à faible densité, en particulier à la pression atmosphérique. Cependant, une équation d'état plus complète permet d'associer le nombre de molécules d'un système (variable intensive) avec le volume, la température et la pression (triplet (P,V,T)) d'une manière plus exacte, qui tient compte des interactions entre molécules. Cette équation, appelée équation du viriel, est souvent écrite sous la forme suivante :

$$P = \frac{A}{\tilde{V}}\left(1 + \frac{B}{\tilde{V}} + \frac{C}{\tilde{V}^2} + \frac{D}{\tilde{V}^3}\cdots\right) \qquad (3.21)$$

où $\tilde{V}$ est le volume molaire en m^3/mol et les coefficients B, C, D, sont les coefficients du viriel, avec les unités respectives m^3/mol, m^6/mol^2, m^9/mol^3. Une fois que l'on connaît la pression, il est possible de trouver le volume molaire par une procédure d'inversion, et à l'aide des valeurs connues des coefficients du viriel, issues de la littérature. Ces données ont été tabulées pour un grand nombre de gaz purs et de mélanges [20]. Nous ne citerons dans ce travail que les références particulières qui ont été utilisées dans les calculs de densité. Dans tous les cas, nous avons $A = RT$, c'est à dire que l'équation du viriel rejoint la loi du gaz parfait dans la limite des densités nulles ou encore, ce qui est équivalent, pour $\tilde{V} \to +\infty$

Le nombre n correspond dans la suite du texte à la densité du gaz, exprimée en nombre de molécules par unité de volume. Elle se déduit du volume molaire $\tilde{V}$ par la relation suivante :

$$n = \frac{\mathcal{N}_A}{\tilde{V}} \qquad (3.22)$$

où $\mathcal{N}_A = 6.022\,141\,29 \times 10^{23}$ mol^{-1} est la constante d'Avogadro. L'équation 3.21 se réécrit ainsi de la façon suivante :

$$P = A\left(\frac{n}{\mathcal{N}_A} + B\left(\frac{n}{\mathcal{N}_A}\right)^2 + C\left(\frac{n}{\mathcal{N}_A}\right)^3 + \cdots\right) \qquad (3.23)$$

La procédure d'inversion utilisée est une méthode de bissection classique [21]. La fonction dont on cherche la racine est $f(n) = P_{\text{exp}} - P(n)$ où P_{exp} est la pression mesurée dans les conditions expérimentales connues. Ainsi, nous sommes en mesure d'établir une correspondance bijective entre la pression du gaz à laquelle nous effectuons les mesures et la densité de ce gaz dans l'enceinte. Il est une règle très générale que la section efficace d'une transition impliquant les molécules isolées est directement proportionnelle au nombre de molécules par unité de volume (ou concentration). Concernant les transitions induites par les collisions, la section efficace est toujours proportionnelle au nombre de diffuseurs. Un calcul de dénombrement permet de montrer que dans ce cas, le nombre de paires moléculaires (dans un gaz pur) est égal à $\dfrac{n(n-1)}{2} \simeq \dfrac{n^2}{2}$, où n est toujours la densité du gaz.

Coefficients du viriel

Dans ce paragraphe, nous regroupons les coefficients du viriel en relation avec notre travail pour établir les conversions pression/densité. On a obtenu, par interpolation polynomiale des données expérimentales données dans [22], les valeurs suivantes pour les

A	RT
B	$-2.830\,32 \times 10^{-4}\,\mathrm{m^3 \cdot mol^{-1}}$
C	$1.513\,48 \times 10^{-8}\,\mathrm{m^6 \cdot mol^{-2}}$
D	$2.771\,60 \times 10^{-12}\,\mathrm{m^9 \cdot mol^{-3}}$
E	$-2.712\,59 \times 10^{-16}\,\mathrm{m^{12} \cdot mol^{-4}}$

TAB. 3.2 : Coefficients du viriel pour le SF_6 utilisés dans le calcul de densité. Les valeurs numériques sont calculées à la température de 294.5 K d'après la référence [23]

second et troisième coefficients du viriel du dihydrogène à la température $T = 294.5\,\mathrm{K}$:

$$B = 14.30 \times 10^{-6}\,\mathrm{m^3 \cdot mol^{-1}}$$
$$C = 383.8 \times 10^{-12}\,\mathrm{m^6 \cdot mol^{-2}}$$

Ces valeurs sont données à titre purement indicatif car, en pratique, la loi du gaz parfaite est suffisante pour les densités auxquelles nous avons utilisé le dihydrogène.

Pour l'hexafluorure de soufre, nous avons utilisé la référence [23]. Les valeurs numériques sont données dans le tableau 3.2

3.3 Exploitation des spectres

3.3.1 Spectre isotrope et anisotrope

De manière générale, pour un faisceau d'ouverture nulle, l'intensité diffusée à angle droit, si la vibration incidente est polarisée perpendiculairement au plan de diffusion, s'écrit [24] :

$$\left(\frac{d\sigma}{d\Omega}\right)_\perp = Nk_0 k_s^3 \left\{\frac{45\alpha^2 + 7\beta^2}{45}\right\} \tag{3.24}$$

Pour une vibration incidente polarisée parallèlement au plan de diffusion, et toujours pour un faisceau d'ouverture nulle, on a :

$$\left(\frac{d\sigma}{d\Omega}\right)_\parallel = Nk_0 k_s^3 \left\{\frac{6\beta^2}{45}\right\} \tag{3.25}$$

Une justification de ces expressions peut être trouvée dans le chapitre 1. Dans ces formules, N est le nombre de diffuseurs, α est la polarisabilité scalaire et β est l'anisotropie de la transition. Les quantités $(\alpha)^2$ et $(\beta)^2$ doivent être interprétées en fonction de la ou des transitions observées et se rapportent aux invariants du tenseur de polarisabilité de la molécule. La quantité k_s est la norme du vecteur d'onde de la lumière diffusée ($k_s = \frac{2\pi}{\lambda_s}$). Le vecteur d'onde k_0 correspond à la lumière incidente (ici le laser à 532 nm). La quantité $\left(\frac{d\sigma}{d\Omega}\right)$ est la section efficace de diffusion. Pour remonter aux quantités physiques d'anisotropie et de polarisabilité scalaire, on se réfère aux intensités *isotrope* et *anisotrope*. D'après les équations 3.24 et 3.25, on peut déduire les spectres isotropes et anisotropes par une combinaison linéaire des spectres obtenus en configuration respectivement verticale et horizontale :

$$I_{\text{iso}}(\nu) = I_\perp(\nu) - \frac{7}{6}I_\parallel(\nu) \qquad (3.26)$$

$$I_{\text{ani}}(\nu) = I_\parallel(\nu) \qquad (3.27)$$

Ces expressions sont valides pour un faisceau d'ouverture nulle. Dans le cas d'un dispositif expérimental, les expressions précédentes ne sont que des approximations : elles doivent être corrigées pour tenir compte du demi-angle d'ouverture du faisceau diffusé. Dans le cas de notre montage, ce dernier mesure environ 8°. Les expressions numériques utilisées pour retrouver les intensités isotrope et anisotropes sont alors les suivantes [11, 25] :

$$I_{\text{ani}}(\nu) = 1.01 \times I_\parallel(\nu) - 0.01009 \times I_\perp(\nu) \qquad (3.28)$$

$$I_{\text{iso}}(\nu) = 1.017 \times I_\perp(\nu) - 1.184 \times I_\parallel(\nu) \qquad (3.29)$$

Ces expressions sont définies pour un signal résolu en fréquence mais sont également valables pour les intensités intégrées, du fait de la propriété de linéarité de l'intégration.

3.3.2 Interprétation des intensités intégrées

À l'aide des signaux définis dans les équations 3.29 et 3.28, on peut séparer les composantes isotropes des composantes anisotropes du spectre. Ce qui nous intéresse plus fondamentalement est de remonter aux quantités physiques $(\alpha)^2$ et $(\beta)^2$ qui sont les invariants du tenseur de polarisabilité. En pratique, pour accéder à cette information, nous avons besoin de connaître le nombre de diffuseur par unité de volume. Pour limiter l'erreur et s'assurer du comportement en densité d'une bande donnée, nous enregistrons le même spectre pour plusieurs densités. Ceci permet en effet, d'une part, de réduire l'erreur statistique et, d'autre part, d'isoler les transitions permises (molécules isolées) des transitions induites par les collisions. De manière générale, l'intensité, résolue en fréquence, peut être développée en puissance de la densité :

$$I(\nu) = I_0^{(\rho)}(\nu) + I_1^{(\rho)}(\nu)\rho + I_2^{(\rho)}(\nu)\frac{\rho^2}{2} + I_3^{(\rho)}(\nu)\frac{\rho^3}{3!} + \cdots \qquad (3.30)$$

Dans cette équation, l'indice (ρ) signifie que la forme du signal acquis est dépendante de la densité. En pratique, la manifestation la plus évidente de ce phénomène est l'élargissement spectral d'une bande de transition. Cette dépendance est normalement éliminée lors de l'extraction des intensités intégrées, de telle sorte que l'on a :

$$\int I(\nu)\mathrm{d}\nu = I_0 + I_1\rho + I_2\frac{\rho^2}{2} + I_3\frac{\rho^3}{3!} + \cdots \quad (3.31)$$

Lorsque le spectre linéaire est « contaminé » par un signal binaire (aucune contamination par des interactions à trois corps n'a été constatée au cours de ce travail), l'intensité intégrée dépend à la fois linéairement et quadratiquement de la densité.

3.3.3 Séparation des contributions binaires et linéaires

Les contributions cubiques apparaissent négligeables dans les travaux expérimentaux que nous avons menés. La contribution I_0, correspondant au bruit du détecteur, est considérée nulle car elle est supprimée lors de la procédure de « nettoyage » des spectres évoquée au paragraphe 3.1.3. Le problème se réduit donc à la séparation des contributions linéaire et binaire lorsqu'elles existent conjointement. La méthode usuelle est de normaliser les sections efficaces par la densité, de telle sorte que le signal mesuré a la forme suivante :

$$\frac{1}{\rho}\int I(\nu)\mathrm{d}\nu = I_1 + I_2\frac{\rho}{2} \quad (3.32)$$

Une régression linéaire aux moindres carrés est ensuite réalisée sur les données acquises. Cette régression linéaire permet de remonter à la valeur de $\frac{I_2}{2}$ qui correspond au processus induit par les collisions entre deux corps. Il peut arriver que l'intensité dépendant quadratiquement de la densité soit beaucoup plus élevée que l'intensité linéaire. Dans ce cas, l'incertitude sur la mesure de I_1 est conséquente (voir par exemple la figure 6.5 dans le chapitre 6). Le procédé pour pallier à cet inconvénient consiste à soustraire la contribution binaire déduite des intensités intégrées (équation 3.33), puis à réaliser une nouvelle régression linéaire sur les données, en imposant cette fois un coefficient directeur égal à zéro. Ceci permet de restreindre la régression linéaire à un domaine de densité où la contribution binaire ne perturbe pas outre-mesure le signal linéaire. En somme, l'intensité linéaire est obtenue d'après l'équation suivante :

$$\int I(\nu)\mathrm{d}\nu - I_2\frac{\rho^2}{2} = I_1\rho \quad (3.33)$$

où $\frac{I_2}{2}$ est un coefficient obtenu par régression linéaire sur l'ensemble des intensités intégrées normalisées par la densité. Cette méthode a été appliquée dans le chapitre 7. En cas d'absence de contribution binaire, une simple régression linéaire est réalisée sur les intensités intégrées, en fixant l'ordonnée à l'origine égale à zéro.

La séparation des contributions binaires des contributions linéaires n'est pas complètement triviale. On pourrait être tenté d'utiliser une approche globale, en ajustant un polynôme d'ordre deux aux intensités intégrées, mais cette approche n'est pas efficace, car on introduit une corrélation entre I_1 et I_2, ce qui n'est pas souhaitable vu le degré de précision que nous recherchons et donne de mauvais résultats en général.

3.3.4 Calcul des moments spectraux

L'information sur les interactions entre molécules est supposée contenue dans les moments spectraux d'une bande de transition [26, 27, 28]. La connaissance des ordres supérieurs doit conduire *in fine* à l'évaluation des propriétés intermoléculaires et de leur effet sur une bande de transition donnée. Cependant, la superposition de plusieurs bandes sur un même spectre, ainsi que les incertitudes expérimentales, aussi bien que la large fenêtre spectrale nécessaire à l'obtention des moments d'ordre élevé ($n > 2$), rendent cette tâche difficile. C'est pourquoi, souvent, seuls les moments d'ordre 0 et d'ordre 2 sont extraits. Dans ce paragraphe, nous donnons les formules générales permettant de remonter aux moments spectraux d'une distribution, dans le cas d'un spectre Raman.

Moments spectraux, formule générale

Dans le cas d'un processus Raman dipolaire, comme nous l'avons vu, la section efficace est proportionnelle à la norme du vecteur d'onde à la puissance quatre. Dans le cas où un compteur de photons est employé, la « section efficace » est en fait une mesure du nombre de photons diffusés, et ce facteur k_s^4 doit être remplacé par $k_0 k_s^3$ où k_0 est la norme du vecteur d'onde correspondant aux photons du laser. Ainsi, la distribution spectrale est normalisée par la quantité $k_0 k_s^3$ préalablement au calcul des moments. Pour établir les moments spectraux d'ordre $2n$ ($n = 0, 1$), les formules sont, respectivement, dans le cas isotrope (équation 3.34) et dans le cas anisotrope (équation 3.35) :

$$M_{2n}^{\text{iso}} = \frac{(2\pi c)^{2n}}{(2\pi)^4} \int \frac{(\nu_S - \nu)^{2n}}{\nu_0 (\nu_0 - \nu)^3} I^{\text{iso}}(\nu) d\nu \tag{3.34}$$

$$M_{2n}^{\text{ani}} = \frac{15}{2} \frac{(2\pi c)^{2n}}{(2\pi)^4} \int \frac{(\nu_S - \nu)^{2n}}{\nu_0 (\nu_0 - \nu)^3} I^{\text{ani}}(\nu) d\nu \tag{3.35}$$

Dans ces expressions, c est la vitesse de la lumière, exprimée dans une unité conforme à celle des nombres d'onde. Les nombres d'onde ν_0 et ν_S sont, respectivement, le nombre d'onde du laser et la fréquence Raman du sommet de la bande étudiée. La variable d'intégration ν est la fréquence Raman parcourant l'ensemble du spectre intégré. Les bornes ne sont pas définies ici mais en général choisies de manière à ce que la valeur de l'intégrale converge convenablement vers la valeur de la distribution totale intégrée. Pour que les moments définis aux équations 3.34 et 3.35 soient exacts, il faut avoir au préalable séparées les contributions binaires et linéaires (section 3.4), les avoir calibrées en fréquence comme décrit dans le paragraphe 3.2.5, puis combinées pour former les spectres isotropes et anisotropes obtenus d'après les équations 3.29 et 3.28.

3.4 Spectres résolus en fréquence

Le sujet des spectres résolus en fréquence est d'une importance essentielle. En effet, dans la section précédente, nous ne parlions principalement que des informations moléculaires déduites des intensités intégrées et des moments spectraux. Cependant, l'information issue des spectres résolus en fréquence est plus riche. L'examen à l'œil des spectres et de leur évolution en densité reste nécessaire au spectroscopiste pour juger de la qualité du spectre et de ses caractéristiques. Dans le cas des spectres sans « contamination » par les processus à deux corps, on dispose de l'information densité par densité et, dans ce cas, il n'y a rien à ajouter (dépouillement des chapitres 4 et 5) : aucune manipulation numérique supplémentaire n'est nécessaire pour obtenir le spectre linéaire.

Dans d'autres cas cependant (chapitres 6 et 7), une composante binaire se superpose à une ou plusieurs bandes attribuables aux molécules isolées. On souhaite donc remonter à l'information contenue dans le spectre linéaire en s'affranchissant de la « contamination » due au spectre binaire. Celle-ci se révèle tout d'abord par une étude de l'évolution en densité de l'intensité intégrée de la bande (paragraphe 3.3.3). Pour séparer spectre binaire et spectre linéaire, deux méthodes s'offrent à nous, que nous allons exposer dans ce qui suit.

3.4.1 Régression linéaire résolue en fréquence

La première étape est le calcul du spectre binaire. Pour cela, on utilise une régression linéaire résolue en fréquence. D'après l'équation 3.30, et en négligeant les contributions d'ordre supérieur à deux, le signal résolu en fréquence peut s'exprimer comme :

$$I(\nu) = I_1^{(\rho)}(\nu)\rho + I_2^{(\rho)}(\nu)\frac{\rho^2}{2} \tag{3.36}$$

L'utilisation de (ρ) en exposant signifient que les quantités $I_1(\nu)$ et $I_2(\nu)$ dépendent de la densité du fait de phénomènes d'élargissement ou de déplacement induits par la densité.

Après normalisation des spectres expérimentaux par la densité, nous obtenons :

$$\frac{I(\nu)}{\rho} = I_1^{(\rho)}(\nu) + I_2^{(\rho)}(\nu)\frac{\rho}{2} \tag{3.37}$$

Les spectres normalisés par la densité peuvent donc être représentés comme une série de points $\left(\nu_i; \dfrac{I_\rho(\nu_i)}{\rho}\right)$, où ρ parcourt l'ensemble des densités sondées expérimentalement. Nous obtenons ainsi, par le biais d'une régression linéaire associée à chaque fréquence discrète ν_i, une valeur $I_1(\nu_i)$ et une valeur $I_2(\nu_i)/2$, correspondant respectivement à l'ordonnée à l'origine b et à la pente a de la série de mesure $\dfrac{I_\rho(\nu_i)}{\rho} = a\rho + b$.

Au cours des études réalisées dans ce travail, le spectre binaire s'est révélé, lorsqu'il était présent, plus intense que le spectre linéaire d'un ordre de grandeur. En conséquence, nous pouvons déduire de manière plus pertinente $I_1(\nu_i)$ en soustrayant la contribution binaire $I_2(\nu_i)$ pondérée par le coefficient qui convient. Cette procédure est détaillée dans la section 3.4.3.

3.4.2 Spectre binaire déduit des hautes densités

Lors d'une étude expérimentale, si l'on a obtenu les spectres à très haute densité, ces derniers convergent vers le spectre binaire. Dans ce cas, on peut directement utiliser un ajustement d'une somme de gaussiennes sur ces spectres à haute densité, puis les pondérer par la section efficace binaire. Ceci fait, nous pouvons soustraire ces spectres binaires pondérés par la densité au carré des spectres expérimentaux, comme cela est détaillé dans la section suivante.

3.4.3 Soustraction du spectre binaire

Il est souvent justifié, après avoir obtenu un spectre binaire, d'utiliser un lissage par une somme de fonctions gaussiennes dans un ajustement aux moindres carrés. En effet, ces spectres binaires ont souvent une forme caractéristique qui rend adéquate leur modélisation par une somme de gaussiennes. L'ajustement ainsi obtenu est en étroite correspondance avec les données expérimentales. Cette modélisation par des courbes gaussiennes a l'avantage supplémentaire d'obtenir une représentation du spectre binaire affranchie du bruit expérimental, c'est à dire des petites discontinuités du spectre final qui sont liées à la qualité de l'enregistrement (bruit blanc plus ou moins intense). Par la suite, ce spectre « binaire » est soustrait, après pondération par la densité, du spectre total obtenu pour chaque densité. On obtient alors :

$$I_1(\nu_i) = \frac{I(\nu_i)}{\rho} - \frac{I_2(\nu_i)}{2}\rho \qquad (3.38)$$

Cependant, les valeurs obtenues de $I_1(\nu_i)$ sont souvent entachées d'une très grande erreur aux densités élevées. En conséquence, nous nous servons de l'allure des intensités intégrées comme garde-fou, afin de garantir que la valeur I_1 évolue bien linéairement avec la densité et ne soit pas le résultat d'artefacts expérimentaux.

Bibliographie

[1] Yves Le Duff. Double incoherent light scattering induced by molecular interactions in binary mixtures. *The Journal of Chemical Physics*, 119(4) :1893–1896, 2003.

[2] I. A. Verzhbitskiy, M. Chrysos, F. Rachet, and A.P. Kouzov. Evidence for double incoherent Raman scattering in binary gas mixtures : SF_6-N_2. *Phys. Rev. A*, 81 : 012702, 2010.

[3] I. A. Verzhbitskiy, M. Chrysos, and A. P. Kouzov. Double vibrational collision-induced Raman scattering by SF_6–N_2 : Beyond the point-polarizable molecule model. *Phys. Rev. A*, 82 :052701, 2010.

[4] M. Chrysos, I. A. Verzhbitskiy, F. Rachet, and A. P. Kouzov. The isotropic remnant of the CO_2 near-fully depolarized raman $2\nu_3$ overtone. *The Journal of Chemical Physics*, 134(10) :104310, 2011.

[5] Florent Rachet, Yves Le Duff, Christophe Guillot-Noël, and Michael Chrysos. Absolute isotropic spectral intensities in collision-induced light scattering by helium pairs over a large frequency domain. *Phys. Rev. A*, 61(6) :062501, 2000.

[6] Florent Rachet, Michael Chrysos, Christophe Guillot-Noël, and Yves Le Duff. Unique case of highly polarized collision-induced light scattering : The very far spectral wing by the helium pair. *Phys. Rev. Lett.*, 84 :2120–2123, 2000.

[7] M. Chrysos, S. Dixneuf, and F. Rachet. On a singularity-free pair-polarizability anisotropy model for atomic gases. *The Journal of Chemical Physics*, 124(23) :234303, 2006.

[8] S. Dixneuf, M. Chrysos, and F. Rachet. Isotropic and anisotropic collision-induced raman scattering by monoatomic gas mixtures : Ne-ar. *Phys. Rev. A*, 80 :022703, 2009.

[9] Lothar Frommhold. *Collision-Induced Scattering of Light and the Diatom Polarizabilities*, pages 1–72. John Wiley & Sons, Inc., 2007.

[10] Yves Le Duff. Double incoherent Raman scattering induced by molecular interactions in gases. *Phys. Rev. Lett.*, 90 :193001, 2003.

[11] M. Chrysos and I. A. Verzhbitskiy. Evidence for an isotropic signature in double vibrational collision-induced Raman scattering : A point-polarizable molecule model. *Phys. Rev. A*, 81 :042705, 2010.

[12] Christophe Guillot-Noël. *Contribution a l'étude des polarisabilités induites par les interactions atomiques dans l'hélium*. PhD thesis, Université d'Angers, Laboratoire POMA, UMR CNRS 6136, 2 bd Lavoisier, 49045 Angers, FR, 2000.

[13] Elliasmine Abdelmajid. *Étude des polarisabilités multipolaires du tétrafluorure de carbone*. Thèse de doctorat, Université d'Angers, Angers, 1996.

[14] Boris S. Galabov and Todor Dudev. Chapter 8 intensities in Raman spectroscopy. In *Vibrational Intensities*, volume 22 of *Vibrational Spectra and Structure*, pages 189 – 214. Elsevier, 1996.

[15] J. Rychlewski. Frequency dependent polarizabilities for the ground state of H_2, HD, and D_2. *The Journal of Chemical Physics*, 78(12) :7252–7259, 1983.

[16] Carey Schwartz and Robert J. Le Roy. Nonadiabatic eigenvalues and adiabatic matrix elements for all isotopes of diatomic hydrogen. *Journal of Molecular Spectroscopy*, 121(2) :420 – 439, 1987.

[17] B. P. Stoicheff. High resolution raman spectroscopy of gases : IX. Spectra of H_2, HD,and D_2. *Canadian Journal of Physics*, 35(6) :730–741, 1957.

[18] C. Cohen-Tannoudji, B. Diu, and F. Laloë. *Mécanique quantique Tome 1*. Collection Enseignement des sciences. Hermann, 1988.

[19] Peter J. Mohr, Barry N. Taylor, and David B. Newell. Codata recommended values of the fundamental physical constants : 2006. *Rev. Mod. Phys.*, 80 :633–730, 2008.

[20] J. H. Dymond and Eric Brian Smith. *The virial coefficients of pure gases and mixtures*. Clarendon Press, Oxford, 1980.

[21] William H. Press, Saul A. Teukolsky, William T. Vetterling, and Brian P. Flannery. *Numerical recipes in C (2nd ed.) : the art of scientific computing*. Cambridge University Press, New York, NY, USA, 1992.

[22] A. Michels, W. de Graaff, and C.A. Ten Seldam. Virial coefficients of hydrogen and deuterium at temperatures between $-175°C$ and $+150°C$. Conclusions from the second virial coefficient with regards to the intermolecular potential. *Physica*, 26(6) : 393 – 408, 1960.

[23] J. J. Hurly, D. R. Defibaugh, and M. R. Moldover. Thermodynamic properties of sulfur hexafluoride. *International Journal of Thermophysics*, 21 :739–765, 2000.

[24] Derek A. Long. *The Raman Effect : A Unified Treatment of the Theory of Raman Scattering by Molecules*. Wiley, 2001.

[25] Ivan Verzhbitskiy. *Spectroscopie Raman de haute sensibilité dans des gaz à effet de serre : bandes de transition doubles ou harmoniques*. PhD thesis, Université d'Angers, Moltech-Anjou, UMR CNRS 6200, 2 bd Lavoisier, 49045 Angers, FR, 2011.

[26] R. G. Gordon. Molecular motion and the moment analysis of molecular spectra in condensed phases. I. dipole-allowed spectra. *The Journal of Chemical Physics*, 39 (11) :2788–2797, 1963.

[27] R. G. Gordon. Molecular motion and the moment analysis of molecular spectra. II. the rotational Raman effect. *The Journal of Chemical Physics*, 40(7) :1973–1985, 1964.

[28] R. G. Gordon. Molecular motion and the moment analysis of molecular spectra. III. infrared spectra. *The Journal of Chemical Physics*, 41(6) :1819–1829, 1964.

Chapitre 4

L'harmonique $2\nu_5$ du SF_6

Sommaire

Introduction		**83**
4.1	**Expérience**	**85**
	4.1.1 Élimination des transitions voisines	85
	4.1.2 Rapport de dépolarisation de la bande de transition	86
	4.1.3 Sections efficaces	90
	4.1.4 Obtention des spectres isotropes et anisotropes	90
4.2	**Spectre isotrope de la transition $2\nu_5$**	**91**
	4.2.1 Présentation de la bande isotrope	91
	4.2.2 Calcul des intensités intégrées	95
	4.2.3 Effets induits par la pression sur le spectre isotrope	96
	4.2.4 Calcul de la dérivée anharmonique	97
4.3	**Exploitation de la bande anisotrope**	**98**
	4.3.1 Introduction	98
	4.3.2 Ajustements non-linéaires du spectre	98
	4.3.3 Intensités intégrées	99
	4.3.4 Largeur du spectre et effets induits par la pression	102
	4.3.5 Anisotropie du mode $2\nu_5$	103
Conclusion		**104**

Introduction

Des modes de vibration existant dans les molécules polyatomiques, les modes de pliage sont les plus difficiles à décrire par le biais de la spectroscopie car ils déforment la molécule sans élongation des liaisons chimiques. Le SF_6 appartient au groupe ponctuel de l'octaèdre, et son mode ν_5 de vibration est un mode de pliage par excellence. Dans ce mode, quatre atomes de fluor appartenant à un des plans de symétrie de la molécule subissent un mouvement de cisaillement dans le plan, autour de l'axe constitué par les trois atomes au repos. Le mouvement des atomes de fluor est représenté sur la figure 4.1. Ce mode est trois fois dégénéré et de symétrie T_{2g}. Une étude récente en spectroscopie Raman localise le centre de la bande à la fréquence $\nu_5 = 524.12\,\text{cm}^{-1}$ [1].

Revue de la littérature

Bien que les études expérimentales de la transition $2\nu_5$ remontent à plusieurs décennies (Holzer et Ouillon, 1974 [2], Shelton et Ulivi, 1988 [3]), et en dépit d'études expérimentales et théoriques poussées de la molécule SF_6 [4, 5, 6], plusieurs paramètres spectroscopiques relatifs à la transition $2\nu_5$ de cette molécule (dérivées de la polarisabilité, constantes de couplage cubiques, etc) sont encore mal connus.

La bande $2\nu_5$ étant faiblement active, les expériences de Holzer et Ouillon, d'une part, et Shelton et Ulivi, d'autre part, ont nécessité, à l'instar de notre expérience, un dispositif expérimental à haute sensibilité. Le laser utilisé par ces deux groupes était un laser vert, émettant à la longueur d'onde $\lambda = 514.5\,\text{nm}$. Le dispositif de détection de l'intensité utilisé était un photomultiplicateur, et le montage un dispositif standard à angle droit, semblable à celui de notre groupe. Les travaux de Holzer et Ouillon constituèrent une première mesure de la polarisabilité scalaire de ce mode de transition. Outre l'acquisition de la section efficace verticale, ces auteurs ont également mesurés le rapport de dépolarisation de la bande à l'aide d'un analyseur. La calibration était effectuée à l'aide d'une transition vibrationnelle du diazote, dont la section efficace de référence fit l'objet d'une détermination expérimentale antérieure [7]. Ultérieurement, Shelton et Ulivi [3] ont mesuré la section efficace verticale uniquement, sans analyseur, sur la base d'une procédure de calibration identique à la nôtre. Le rapport de dépolarisation reporté par Holzer et Ouillon [2] est faible, $\rho_s \simeq 0.05$ (ce rapport de dépolarisation correspond à $\eta_{\text{int}} = 0.10$ dans le contexte de notre expérience). Ce rapport de dépolarisation suggère une contribution de l'anisotropie à la section efficace verticale de l'ordre de 10 %.

Résumé du chapitre

Dans ce chapitre, nous présentons les résultats de l'étude de la bande correspondant à la première harmonique du mode ν_5 de la molécule SF_6 en gaz pur, acquis à l'aide du montage à haute sensibilité décrit au chapitre 3. Ce chapitre sera divisé en trois parties.

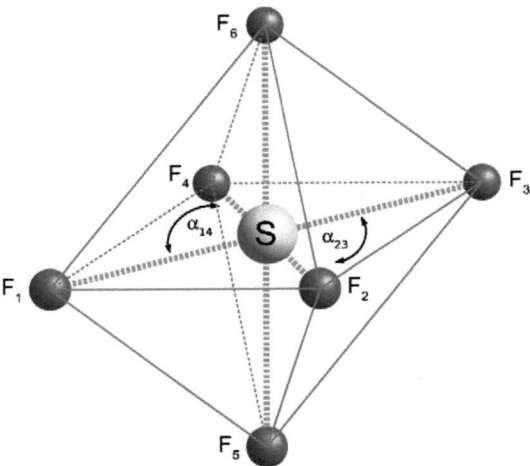

FIG. 4.1 : Description du mode ν_5 de cisaillement de la molécule de SF$_6$. Les axes propres de la molécule sont assimilables aux droites F_1F_3, F_2F_4 et F_5F_6 lorsque la molécule est au repos. La coordonnée normale ici représentée est $\frac{1}{2}R(\alpha_{12} + \alpha_{34} - \alpha_{41} - \alpha_{23})$ où α_{ij} mesure l'angle entre les deux liaisons SF$_i$ et SF$_j$.

La première est une description du protocole expérimental ayant permis l'enregistrement des spectres. La procédure de dépouillement et d'obtention des spectres isotropes (correspondant à la polarisabilité scalaire) et anisotropes sera également donnée. Ces spectres feront l'objet d'une étude détaillée dans les deux parties suivantes.

La première de ces deux parties est consacrée aux spectres isotropes, pour lesquels nous étudierons l'effet de l'agitation thermique des molécules sur l'intensité totale de la bande. Les autres effets que sont l'élargissement et le déplacement en densité de la bande seront quantifiés. Enfin, nous déterminerons la polarisabilité scalaire en unités absolues, à laquelle nous appliquerons les corrections anharmoniques dont l'expression est obtenue d'après la méthode perturbative de la transformation de contact (chapitre 1) ; les valeurs des constantes cubiques et des dérivées harmoniques intervenant dans ce calcul sont issues de la littérature.

La seconde de ces deux parties est consacrée au spectre anisotrope de la bande $2\nu_5$. Un article récent de notre groupe [8] a mis l'accent sur les difficultés expérimentales associées à la mesure de cette bande. Le faible rapport de dépolarisation prévu par Holzer et Ouillon est susceptible d'être attribuée à tort à une anisotropie négligeable. Nous verrons au contraire que le faible rapport de dépolarisation de la transition $2\nu_5$ conduit à un moment d'ordre zéro anisotrope sensiblement équivalent au moment isotrope. En conséquence, les éléments de matrice qui en découle sont eux aussi très proches. Ce fait plutôt spectaculaire est souvent occulté par le fait que les transitions Raman sont étudiées en configuration verticale exclusivement, et par les facteurs 7/45 ≈ 0.15 (anisotropie) et 1 (trace) qui pondèrent les invariants du tenseur de polarisabilité.

4.1 Expérience

La résolution expérimentale est de l'ordre de $0.2\,\text{cm}^{-1}$, en relation avec le pouvoir de dispersion du spectromètre, ce qui correspond à l'intervalle spectral couvert par une colonne de pixel de la caméra. Les mesures ont été réalisées pour les 13 densités données dans le tableau 4.1. Les spectres ont été enregistrés en deux parties disjointes, centrées

ρ (amg)	2.03	3.05	5.07	7.11	9.13	11.21	13.20
P (bar)	2.16	3.20	5.19	7.08	8.85	10.56	12.10
ρ (amg)	15.23	19.12	20.15	21.83	25.22	27.34	
P (bar)	13.57	16.11	16.72	17.67	19.40	20.36	

TAB. 4.1 : Liste des treize densités étudiées et pression correspondante.

respectivement sur les fréquences Raman $990\,\text{cm}^{-1}$ et $1090\,\text{cm}^{-1}$. Les deux fenêtres spectrales d'observation (qui se recouvrent sur l'intervalle spectral allant de 1020 à $1060\,\text{cm}^{-1}$) sont ensuite concaténés pour donner accès aux spectres horizontaux et verticaux observés. Chaque spectre ainsi obtenu est ensuite calibré d'après la procédure décrite au chapitre 3. Dans ce qui suit, nous décrivons la procédure d'extrapolation des transitions voisines. Nous réaliserons ensuite une analyse du rapport de dépolarisation résolu en fréquence $S_{\parallel}(\nu)/S_{\perp}(\nu)$, puis une étude de l'intensité intégrée des spectres acquis en configuration verticale et horizontale.

Dans tout ce qui suit, nous noterons $S(\nu) = I(\nu)\rho$ où $I(\nu)$ se rapporte au spectre mesuré en unité d'intensité absolue et ρ est la densité donnée en amagats.

4.1.1 Élimination des transitions voisines

Sur les spectres expérimentaux bruts, la bande $2\nu_5$ est entourée de signaux issus de bandes de transition voisines. Ces bandes voisines perturbent l'étude, en particulier la mesure de l'intensité intégrée. Ces perturbations seront éliminées des spectres horizontaux ($\parallel$) et verticaux ($\perp$), afin d'accéder à une représentation des spectres isotropes et anisotropes qui soit exempte de contamination.

Identification des transitions voisines

En terme d'intensité, la perturbation la plus importante vient de la bande « interdite » associée au mode de vibration ν_3, centrée sur la fréquence Raman $948\,\text{cm}^{-1}$, et située à gauche de la bande $2\nu_5$. Cette transition, étudiée en détail au chapitre 6, présente un rapport de dépolarisation élevé ; en conséquence, son intensité est du même ordre de grandeur pour les deux géométries d'observation.

À droite de la bande $2\nu_5$, nous pouvons distinguer l'aile lointaine d'une transition non-identifiée. L'effet ne se distinguant que dans une représentation semi-logarithmique, il est à prévoir que sont intensité soit quasiment négligeable, en particulier sur les spectres isotropes. Néanmoins, dans un souci de précision, elles ont été prises en compte dans notre procédure d'extrapolation. Il est impossible d'identifier cette bande, car son sommet n'est pas visible sur nos enregistrements. Cette aile décroissante est probablement due à la bande $\nu_2 + \nu_5 \approx 1166\,\text{cm}^{-1}$, de symétrie $T_{1g} \oplus T_{2g}$.

Procédure d'extrapolation

La décroissance exponentielle des ailes des perturbateurs sont éliminées des spectres expérimentaux par une procédure *ad-hoc* consistant à ajuster une courbe exponentielle aux données expérimentales sur un domaine choisi. L'expression générale de la fonction exponentielle est :

$$f(x) = \exp\left(-\lambda(x - x_0)\right) \tag{4.1}$$

Les paramètres x_0 et λ sont les deux paramètres libres de l'ajustement. Le coefficient d'extinction λ est positif dans le cas d'une exponentielle décroissante (bande parasite à gauche), négatif dans le cas d'une exponentielle croissante (bande parasite à droite).

La procédure est appliquée de manière identique pour les deux géométries d'observation, verticale et horizontale. Les ajustements sont présentés sur les figures 4.2a ($\perp$) et 4.2b ($\parallel$). Le choix d'une fonction exponentielle pour l'ajustement s'avère très pertinent lorsque l'on examine les signaux sur ces figures. Les spectres finaux, affranchis des perturbations, sont présentés sur la figure 4.3.

4.1.2 Rapport de dépolarisation de la bande de transition

Rapport de dépolarisation résolu en fréquence

On rappelle ici l'expression du rapport de dépolarisation résolu en fréquence :

$$\eta\left(\nu\right) = \frac{S_\parallel\left(\nu\right)}{S_\perp\left(\nu\right)} \tag{4.2}$$

Cette quantité associée à la bande $2\nu_5$ est représentée sur la figure 4.4. La signature d'une bande très fortement polarisée autour de $1048\,\text{cm}^{-1}$ correspond à la contribution de la trace du tenseur de polarisabilité au spectre vertical. Lorsque la bande isotrope, plus étroite que le spectre anisotrope, est totalement atténuée, le rapport de dépolarisation tend vers la valeur limite de 6/7. L'allure du rapport de dépolarisation ainsi observé

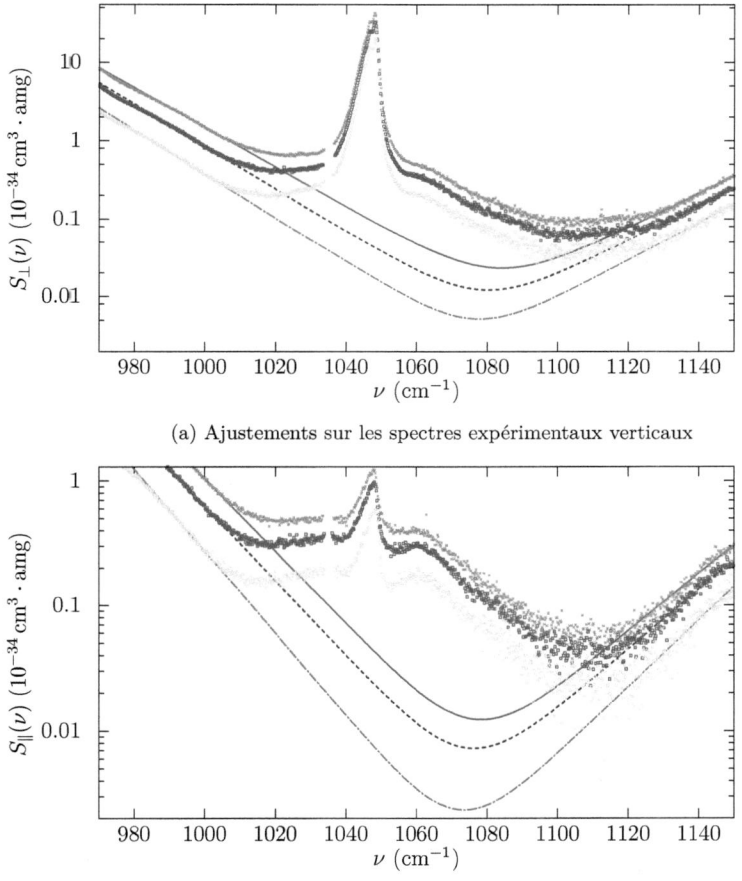

(a) Ajustements sur les spectres expérimentaux verticaux

(b) Ajustements sur les spectres expérimentaux horizontaux

FIG. 4.2 : Ajustements des ailes des bandes voisines de la bande $2\nu_5$, représentés en échelle semi-logarithmique. Les densités représentées sont 13.2, 20.15 et 27.34 amg.

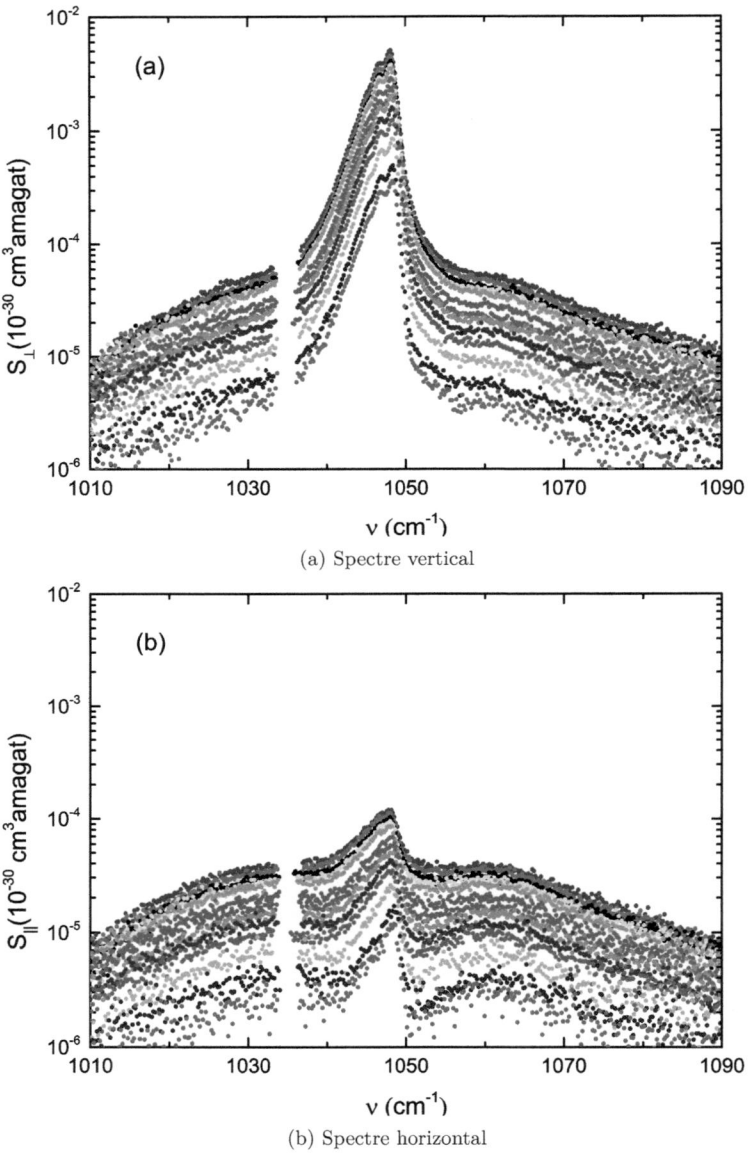

FIG. 4.3 : Spectres verticaux (a) et horizontaux (b) à l'endroit de la transition $2\nu_5$ du SF_6, pour les treize densités sondées (tableau 4.1) allant de 2 à 27 amagats. La raie $S_0(3)$, centrée vers $1035\,\text{cm}^{-1}$ et totalement dépolarisée, témoin de la présence résiduelle de H_2 dans la cuve, a été éliminée des graphes.

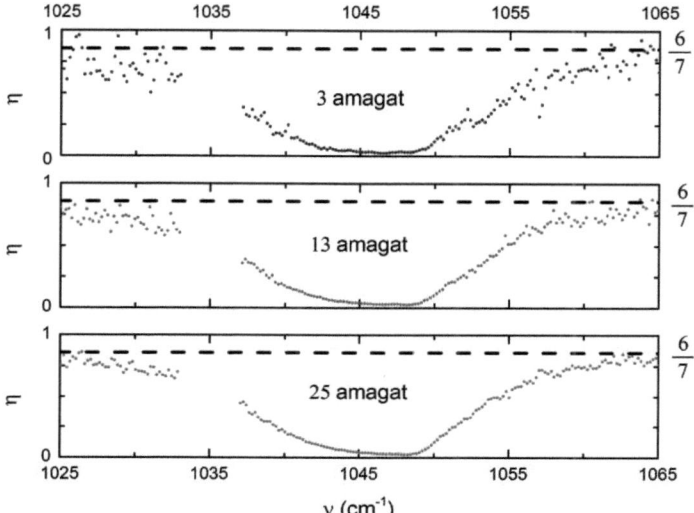

FIG. 4.4 : Rapport de dépolarisation résolu en fréquence $\eta(\nu)$ pour trois densités représentatives. La ligne horizontale en trait discontinu correspond à la valeur maximale théorique ($\eta = 6/7$) associée à un spectre totalement dépolarisé.

indique l'existence d'une bande anisotrope sous-jacente. L'absence de modification notable de l'allure de ce rapport de dépolarisation traduit la conservation approximative de la forme des spectres anisotropes et isotropes avec la densité.

Rapport de dépolarisation intégré

Le rapport de dépolarisation intégré η_{int} correspont au rapport des sections efficaces (intensités intégrées) horizontales et verticales. Cette quantité sans dimension est intéressante du point de vue expérimental car son obtention ne dépend pas d'une procédure de calibration particulière. On peut l'écrire sous la forme suivante :

$$\eta_{\text{int}} = \frac{\int S_\parallel(\nu)\,d\nu}{\int S_\perp(\nu)\,d\nu} \tag{4.3}$$

Nous avons calculé sa valeur à partir de l'intensité intégrée des spectres horizontaux et verticaux sur le domaine d'intégration allant de $1000\,\text{cm}^{-1}$ à $1100\,\text{cm}^{-1}$. Aucune dépendance en densité n'a été notée pour cette quantité. La valeur finale retenue correspond à la moyenne de la mesure réalisée séparément pour chaque densité sondée, soit :

$$\eta_{\text{int}} = 0.12(1) \tag{4.4}$$

	Notre travail	Shelton [3]	Holzer [2, 7]	Holzer [2, 9]
$\left(\dfrac{d\sigma}{d\Omega}\right)_\perp$ (10^{-33} cm^2)	0.96	0.93	0.61	0.91
$\dfrac{1}{k_0 k_s^3}\left(\dfrac{d\sigma}{d\Omega}\right)_\perp$ (10^{-54} cm^6)	5.23 (42)	4.94	3.23	4.81

TAB. 4.2 : Comparaison entre les différentes sections efficaces des études antérieures et ce travail.

L'incertitude donnée correspond à l'écart-type statistique de la série de mesure. La valeur du rapport de dépolarisation que nous obtenons est proche de la valeur $\eta_{int} \simeq 0.10$ estimée à partir des résultats publiés par Holzer et Ouillon [2].

4.1.3 Sections efficaces

Les sections efficaces sont obtenues par le biais d'une procédure de régression linéaire sur les intensités intégrées des spectres horizontaux et verticaux. Les données expérimentales et les droites de régression correspondent à l'encart de la figure 4.3a.

Les sections efficaces que nous avons mesurées sont données dans le tableau 4.2, accompagnées des mesures de section efficaces issues de la littérature. Les données issues des références [2, 3] sont normalisées par $k_0 k_s^3$ pour permettre une comparaison significative. La section efficace de référence [7] utilisée comme étalon par Holzer et Ouillon ayant été sous-évaluée en valeur absolue, nous avons utilisé une valeur mise à jour pour la conversion [9]. La procédure utilisée pour remonter aux sections efficaces du tableau 4.2 à partir des données de Holzer et Ouillon est détaillée dans l'annexe C.2.

4.1.4 Obtention des spectres isotropes et anisotropes

Les spectres isotropes et anisotropes sont obtenus en combinant spectres horizontaux et verticaux, à partir des combinaisons linéaires suivantes :

$$I_{\text{ani}}(\nu) = 1.01 \cdot I_{\parallel}(\nu) - 0.01009 \cdot I_{\perp}(\nu) \tag{4.5}$$

$$I_{\text{iso}}(\nu) = 1.017 \cdot I_{\perp}(\nu) - 1.184 \cdot I_{\parallel}(\nu) \tag{4.6}$$

Les spectres isotropes et anisotropes ainsi obtenus sont présentés sur la figure 4.6. Le sommet de la bande isotrope culmine à environ $50 \times 10^{-34}\,\text{cm}^3 \cdot \text{amg}$, tandis que le sommet de la bande anisotrope correspond à une valeur inférieure à $0.8 \times 10^{-34}\,\text{cm}^3 \cdot \text{amg}$.

La bande isotrope est très étroite (domaine spectral s'étendant de $1035\,\text{cm}^{-1}$ à $1055\,\text{cm}^{-1}$, soit environ $20\,\text{cm}^{-1}$), tandis que la contre-partie anisotrope est répartie sur un intervalle spectral beaucoup plus large ($1000\,\text{cm}^{-1}$ à $1110\,\text{cm}^{-1}$, soit environ $110\,\text{cm}^{-1}$ d'étendue).

La dispersion statistique que l'on peut observer sur les spectres anisotropes, notamment au niveau des branches rotationnelles, comparée avec l'allure des spectres isotropes, permet de se rendre compte de la difficulté de détection et d'observation du spectre anisotrope de la transition $2\nu_5$.

4.2 Spectre isotrope de la transition $2\nu_5$

4.2.1 Présentation de la bande isotrope

L'allure du spectre isotrope (figure 4.6a) est typique de l'existence d'une simple branche Q (pic principal) associée à une multiplicité de bandes chaudes, dont l'existence se manifeste par l'intermédiaire d'un décalage anharmonique par rapport à la fréquence du mode de vibration $2\nu_5$. Nous ne pouvons attribuer de manière catégorique les différentes bandes chaudes observées qui se fondent, excepté pour le premier pic, dans un continuum. Néanmoins, il existe une forte présomption pour associer au second maximum local le premier (en population) état excité du gaz correspondant au mode $v_6 = 1$.

Dans les conditions expérimentales ($T = 294.5$ K), l'état fondamental n'est occupé que par 31.84% des molécules, le second état le plus peuplé correspondant au mode ν_6, de nombre vibrationnel $v_6 = 1$ (noté $v = (000001)$), avec 17.49%. Le premier état excité sur le mode ν_5, noté $v = (000010)$ représente 7.43% de l'ensemble des molécules.

Pour certaines transitions [10], les modes vibrationnels sont bien plus élevés en énergie. De ce fait, la population des états excités pour les différents modes normaux est bien moindre que dans le cas présent. La conséquence est un impact négligeable de la température sur l'intensité totale observée. L'intensité de l'harmonique $2\nu_5$ ici étudiée est au contraire fortement dépendante de la température. Le tableau 4.3 donne les sommes de partition vibrationnelles des différents modes normaux du SF_6. Le peuplement des premiers états excités est donné dans le tableau 4.5. La colonne correspondant au mode ν_5 montre que $1 - Z_5^{-3} = 21.6\%$ des molécules sont dans un état tel que $v_5 \geq 1$. Cette population produit une contribution à l'intensité totale qui n'est pas directement proportionnelle au nombre de molécules, comme cela peut être vu sur la figure 4.5c. Les figures 4.5a et 4.5b présentent cet effet sous un angle légèrement différent, en associant la proportion de l'intensité diffusée au nombre vibrationnel total v_{tot} et à l'énergie vibrationnelle totale E_{tot}. D'après nos calculs, plus de 98% de l'intensité diffusée est issue, à température ambiante, des niveaux $v_5 \leq 2$. Le tableau 4.4 contient une quantification précise de ces contributions dans l'approximation de l'oscillateur harmonique.

transition	ν_1	ν_2	ν_3	ν_4	ν_5	ν_6
fréquence (cm^{-1})	774.55	643.35	947.98	615.02	523.56	348.08
n_i	1	2	3	3	3	3
$g_{i,n_i}(v_i)$	1	v_i+1		$\frac{1}{2}(v_i+1)(v_i+2)$		
$(Z_i)^{n_i}$	1.023	1.093	1.030	1.166	1.275	1.834

TAB. 4.3 : Sommes de partition des des différents modes vibrationnels du SF$_6$. Le nombre n_i est la dégénérescence de l'oscillateur correspondant au mode i. Le nombre $g_i(v_i)$ est le nombre d'états possibles pour cet oscillateur sur le niveau v_i.

v_5	0	1	2	3	4	5
$P(v_5)$ (%)	78.56	18.22	2.82	0.36	0.04	0.00
Intensité diffusée (%)	66.88	25.85	6.00	1.08	0.17	0.02

TAB. 4.4 : Population des différents états excités du mode ν_5 à 295 K et leurs contributions à l'intensité observée.

$\vec{v}$	$g(\vec{v})$	E (cm^{-1})	$P_{\vec{v}}$ (%)
(000000)	1	0	31.839
(000001)	3	348.08	17.490
(000010)	3	523.56	7.432
(000002)	6	696.16	6.405
(000100)	3	615.02	4.757
(000011)	9	871.64	4.083
(010000)	2	643.35	2.762
(000101)	9	963.10	2.613
(000003)	10	1044.24	1.955
(010001)	6	991.43	1.517
(000012)	18	1219.72	1.495
(000020)	6	1047.12	1.157
(000110)	9	1138.58	1.111
(000102)	18	1311.18	0.957
(001000)	3	947.98	0.938
(100000)	1	774.55	0.728
(010010)	6	1166.91	0.645
(000021)	18	1395.20	0.635
(000111)	27	1486.66	0.610
(010002)	12	1339.51	0.556
(000004)	15	1392.32	0.537
(001001)	9	1296.06	0.515
(000200)	6	1230.04	0.474
(000013)	30	1567.80	0.456
(010100)	6	1258.37	0.413
(100001)	3	1122.63	0.400
(010011)	18	1514.99	0.354
(000103)	30	1659.26	0.292

TAB. 4.5 : Population des premiers états excités à $T = 295$ K.

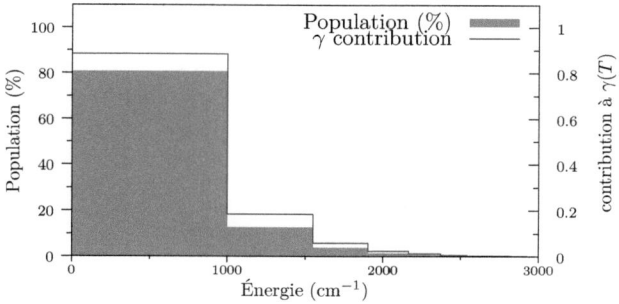

(a) Contribution à l'élément de matrice en fonction de l'énergie vibrationnelle.

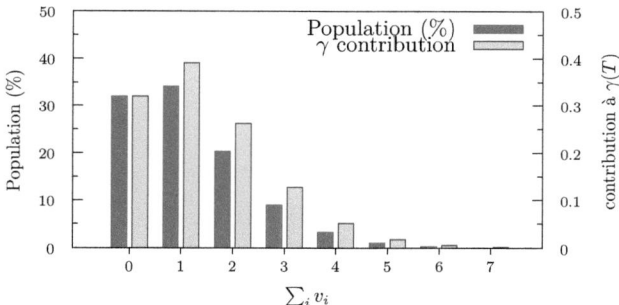

(b) Contribution à l'élément de matrice en fonction du nombre vibrationnel total $v_{\text{tot}} = \sum_i v_i$.

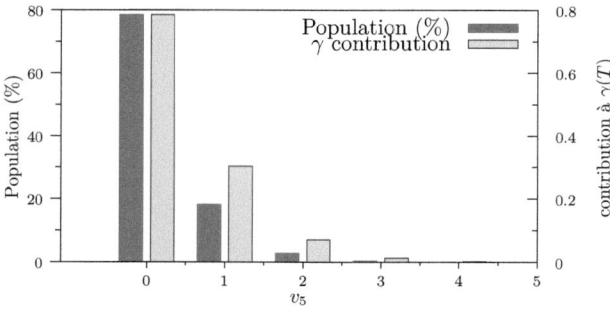

(c) Contribution à l'élément de matrice en fonction de la valeur initiale de v_5, le nombre de quanta d'excitation du mode ν_5.

FIG. 4.5 : Effet de l'agitation thermique sur l'intensité diffusée par la transition harmonique $2\nu_5$.

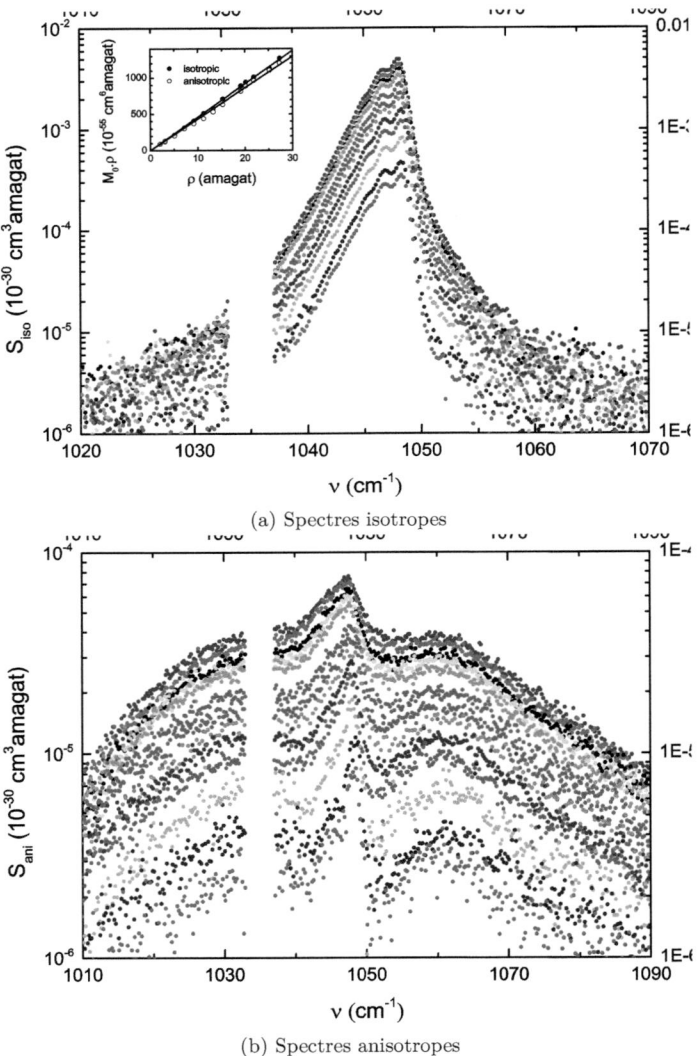

(a) Spectres isotropes

(b) Spectres anisotropes

FIG. 4.6 : Spectres isotrope (a) et anisotrope (b) à l'endroit de la transition $2\nu_5$ du SF_6 pour les 13 densités sondées. Dans l'encart, le produit $M_0 \cdot \rho$ est tracé en fonction de ρ pour ces deux composantes.

4.2.2 Calcul des intensités intégrées

La bande isotrope étant beaucoup plus étroite que la bande anisotrope, le domaine d'intégration peut être restreint à l'intervalle spectral allant de $1020\,\text{cm}^{-1}$ à $1070\,\text{cm}^{-1}$. L'ajustement de la droite de régression aux intensités intégrées expérimentales montre qu'aucune perturbation par un signal binaire n'intervient dans la mesure de l'intensité intégrée, même aux plus hautes densités étudiées (cf figure 4.7). Le tableau 4.6 compare les valeurs du moment d'ordre zéro obtenues dans notre travail avec les résultats des expériences précédentes. Le cas échéant, les procédures de conversion sont données dans l'annexe C.

	M_0 isotrope		Déviation
	$10^{-4}\text{a}_0^{\,6}$	10^{-54}cm^6	
Holzer & Ouillon [2, 7][†]	1.31	2.87	$-37\,\%$
Holzer & Ouillon [2, 9][†]	1.95	4.28	$-6.8\,\%$
Shelton & Ulivi [3][‡]	2.25	4.94	$7.6\,\%$
Notre travail	2.09(31)	4.59(69)	—

TAB. 4 6 : Moment d'ordre zéro obtenu par intégration sur tout le spectre isotrope comparé aux valeurs existantes dans la littérature. La colonne « Déviation » indique l'écart à la valeur obtenue dans ce travail.
† : Obtenu à partir de ρ_s et $\left(\frac{d\sigma}{d\Omega}\right)_\perp$, donnés dans la référence [2] (cf annexe C.1)
‡ : Obtenu à partir de $\left(\frac{d\sigma}{d\Omega}\right)_\perp$, négligeant la contribution de l'anisotropie [3].

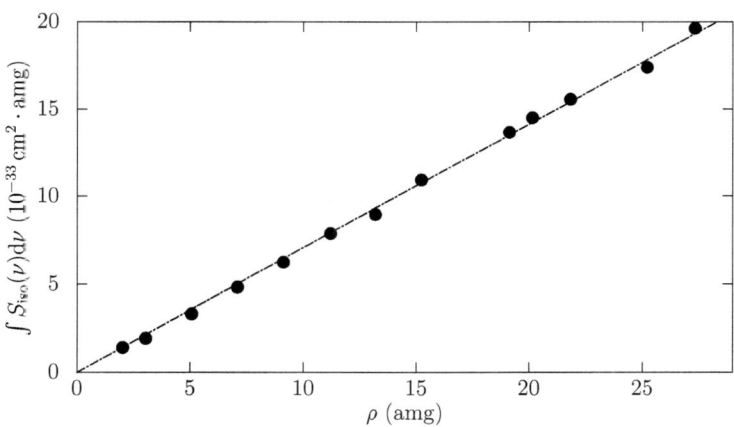

FIG. 4.7 : Sections efficaces isotropes. La valeur du coefficient de régression obtenue à partir de ces données correspond à la « section efficace » de la trace du tenseur de diffusion, soit : $\left(\frac{c\sigma}{d\Omega}\right)_{\text{iso}} = 7.07(5) \times 10^{-34}\,\text{cm}^2$.

4.2.3 Effets induits par la pression sur le spectre isotrope

Les effets induits par la pression sont importants dans notre expérience. Comme nous travaillons avec des densités élevées, nous avons ainsi accès au comportement de la bande étudiée lorsque la pression augmente. Dans le cas présent du spectre de la bande $2\nu_5$, les effets induits par la pression sont minimes à première vue. Nous avons néanmoins obtenu un coefficient d'élargissement pour l'ensemble de la bande, par l'intermédiaire de la mesure pour chaque densité de la largeur à $\frac{1}{\sqrt{e}}$ du sommet de la bande isotrope, défini par le pic principal. Le coefficient d'élargissement ainsi mesuré est négatif, et vaut :

$$\gamma \simeq -8 \times 10^{-4}\,\text{cm}^{-1} \cdot \text{amg}^{-1} \qquad (4.7)$$

Le coefficient de déplacement estimé du sommet de la bande est quant à lui :

$$\delta \simeq -10^{-2}\,\text{cm}^{-1} \cdot \text{amg}^{-1} \qquad (4.8)$$

Ces deux valeurs sont très faibles en comparaison avec la résolution expérimentale que nous avons à notre disposition. La dispersion expérimentale des données autour de la droite de régression est relativement importante, en particulier en ce qui concerne la position du sommet de la bande (voir figures 4.8a et 4.8b).

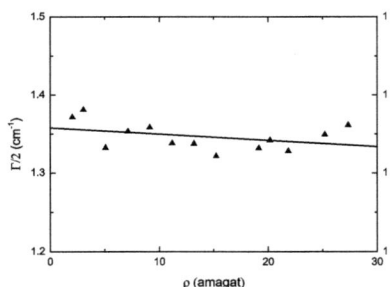
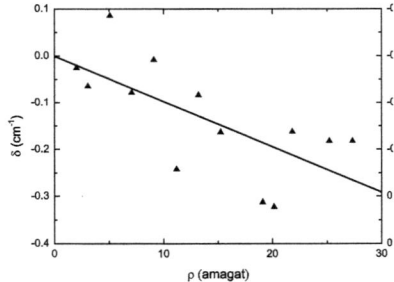

(a) Mesures de la demi-largeur à $\frac{1}{\sqrt{e}}$ du sommet des spectres expérimentaux.

(b) Déplacement de la position du sommet de la bande isotrope en fonction de la densité.

FIG. 4.8 : Études des effets induits par la pression sur le spectre isotrope.

4.2.4 Calcul de la dérivée anharmonique

D'après les calculs effectués dans la section 1.4, le moment d'ordre zéro de la bande isotrope est :

$$M_0^{\text{iso}} = \frac{3}{8} \frac{\left(\frac{\partial^2 \bar{\alpha}}{\partial q_5^2}\right)^2}{\left(1 - \exp\left(-\frac{hc\nu_5}{kT}\right)\right)^2} \quad (4.9)$$

où q_5 désigne la coordonnée normale associée au mode de vibration ν_5. Cette valeur se rapporte à la dérivée du tenseur de polarisabilité prenant en compte les anharmonicités mécaniques (constantes de couplage cubique). La valeur déduite du moment d'ordre zéro, dont la valeur est reportée dans le tableau 4.6, est :

$$\left(\frac{\partial^2 \bar{\alpha}}{\partial q_5^2}\right)_{\text{anh}} = \pm 0.0218 \, a_0{}^3 \quad (4.10)$$

Si l'on applique les corrections du paragraphe 1.2.3 qui donne l'expression des corrections à appliquer en fonction des constantes d'anharmonicité cubique, la dérivée anharmonique s'exprime comme :

$$\left(\frac{\partial^2 \bar{\alpha}}{\partial q_5^2}\right)_{\text{anh}} = \left(\frac{\partial^2 \bar{\alpha}}{\partial q_5^2}\right)_{\text{har}} + \frac{\phi^{551}\omega_1}{(4\omega_5^2 - \omega_1^2)}\left(\frac{\partial \bar{\alpha}}{\partial q_1}\right)_{\text{har}} \quad (4.11)$$

Les corrections apportées par le biais des constantes d'anharmonicité reportées dans les publications [5, 11] et des dérivées de la polarisabilité par rapport à la coordonnée normale q_1 [12, 13] sont données dans le tableau 4.7.

réf.		(a,c)	(a,d)	(b,c)	(b,d)
$\left(\frac{\partial^2 \bar{\alpha}}{\partial q_5^2}\right)_{\text{anh}}$			$\left(\frac{\partial^2 \bar{\alpha}}{\partial q_5^2}\right)_{\text{har}}$		
0.0218		0.020	0.020	0.074	0.072
−0.0218		−0.024	−0.024	0.030	0.028

TAB. 4.7 : Corrections anharmoniques de la polarisabilité scalaire du mode $2\nu_5$.
(a) : La constante d'anharmonicité est $\phi_{155} = 1.36\,\text{cm}^{-1}$ [5].
(b) : La constante d'anharmonicité est $\phi_{155} = -34\,\text{cm}^{-1}$ [11].
(c) : La dérivée harmonique correspondant au mode ν_1 est $(\partial\bar{\alpha}/\partial q_1) = 0.975\,a_0{}^3$ [12].
(d) : La dérivée harmonique correspondant au mode ν_1 est $(\partial\bar{\alpha}/\partial q_1) = 0.937\,a_0{}^3$ [13].

4.3 Exploitation de la bande anisotrope

4.3.1 Introduction

À notre connaissance, le travail reporté ici constitue la première observation résolue en fréquence du spectre anisotrope correspondant à la bande de transition $2\nu_5$.

La bande anisotrope, dix fois plus large que sa contre-partie isotrope, se révèle par contre d'une intensité crête qui est de deux ordres de grandeur plus faible que celle de cette composante isotrope. Des valeurs précises pour les moments d'ordre zéro et d'ordre deux ont été déduites, ainsi que pour l'élément de matrice de l'anisotropie. En dépit de la très faible intensité du spectre anisotrope, nous verrons que le moment d'ordre zéro des deux spectres ont des valeurs similaires. La possibilité d'observer le spectre résolu en fréquence nous a permis de déterminer l'intensité respective des branches O, Q et S et d'étudier le comportement du spectre avec la densité. Les coefficients d'élargissement et de déplacement de la bande ont ainsi pu être mesurés. L'analyse des spectres rotationnels des molécules octaédriques fait appel à un formalisme tensoriel complexe [1, 14, 15], pleinement justifié par la résolution expérimentale permise par l'état de l'art. Le pouvoir de résolution très largement inférieur de notre expérience ne permet pas de résoudre individuellement les transitions rotationnelles et rend de telles approches caduques.

4.3.2 Ajustements non-linéaires du spectre

Dans le cadre de l'étude de la bande anisotrope de la transition $2\nu_5$, l'utilisation d'ajustements numériques a permis de déduire certains paramètres de forme.

Ajustement par une gaussienne

Cette procédure consiste à utiliser une fonction gaussienne ajustée aux données expérimentales, en utilisant uniquement les données situées sur les ailes de la bande. Le résultat de cet ajustement peut être observé sur la figure 4.9b, et montre la bonne adéquation du profil gaussien avec cette situation.

Emploi des fonctions de distributions de loi γ

Cette procédure consiste à réaliser un ajustement non-linéaire de distributions de loi γ sur les branches O et S (une définition de ces distributions est donnée dans l'annexe C.3). L'expression des fonctions utilisées est :

$$g_3(x,\beta) = \begin{cases} C\dfrac{\beta^3 x^2}{2}\exp(-\beta x) & \text{si } x > 0 \\ 0 \text{ sinon} \end{cases} \quad (4.12)$$

Ces fonctions correspondent à des distributions de probabilité de loi γ, bien connues en statistique. La variable x correspond à $x = \pm(\nu - \nu_0)$ où ν_0 est le sommet de la bande, soit l'origine supposée de la distribution et le signe $(+)$ est associé à la branche S tandis que le signe $(-)$ est associé à la branche O. Dans l'ajustement de ces fonctions, les paramètres libres sont C (normalisation) et β (facteur d'échelle), ces deux paramètres variant indépendamment pour les deux branches. La valeur de ν_0 est fixée à $1048\,\text{cm}^{-1}$ pour les deux branches. Le paramètre β obtenu dans la limite des densités nulles est $\beta_O = 0.149\,\text{cm}$ pour la branche O et $\beta_S = 0.154\,\text{cm}$ pour la branche S.

4.3.3 Intensités intégrées

Moment d'ordre zéro total

Les intensités intégrées de la bande anisotrope de la transition $2\nu_5$ ont été obtenues par intégration des spectres expérimentaux (représentés sur la figure 4.6b). Le domaine d'intégration est $[1000\,;\,1110]\,\text{cm}^{-1}$. Les intensités intégrées ainsi calculées sont tracées en fonction de la densité sur la figure 4.10. Une régression linéaire a permis d'obtenir la section efficace, qui est égal au coefficient directeur de cette droite, pour laquelle l'origine est fixée égale à zéro. La pente obtenue, correspondant à la section efficace de la transition, est :

$$\left(\frac{d\sigma}{d\Omega}\right)_{\text{ani}} = 8.89(9) \times 10^{-35}\,\text{cm}^{-2} \tag{4.13}$$

Soit un ordre de grandeur en dessous de l'intensité intégrée isotrope (figure 4.7). Ici, comme pour le spectre isotrope, l'absence d'une contribution visible induite par les collision est affirmée par l'ajustement étroit des données expérimentales avec la droite de régression, sur tout le domaine sondé. Les valeurs suivantes pour des moments spectraux d'ordre zéro et d'ordre deux de l'anisotropie, ont été obtenues :

$$M_0^{\text{ani}} = 4.31(65) \times 10^{-54}\,\text{cm}^6 \tag{4.14}$$

$$M_2^{\text{ani}} = 0.77(15) \times 10^{-23}\,\text{cm}^6 \cdot \text{s}^{-2} \tag{4.15}$$

La valeur du moment d'ordre zéro est reportée dans le tableau 4.8, afin d'être comparée avec les valeurs issues de la littérature. On constate que cette valeur, compte tenu du facteur $15/2$ qui distingue les définitions des moments anisotropes et isotropes (équations 1.78 et 1.79) est très proche de celle trouvée pour le moment d'ordre zéro isotrope (tableau 4.6), également illustré par la proximité des droites d'ajustement de l'encart de la figure 4.6a.

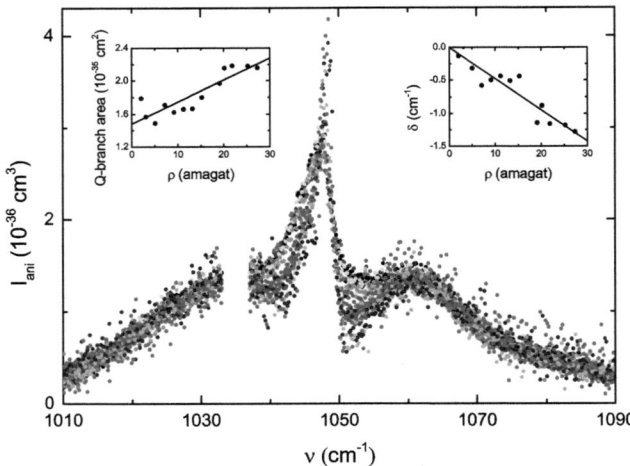

(a) Représentation des spectres anisotropes normalisés par la densité. L'encart de gauche correspond à l'évolution de l'aire de la branche Q en fonction de la densité. L'encart de droite correspond à l'évolution de la position du sommet avec la densité.

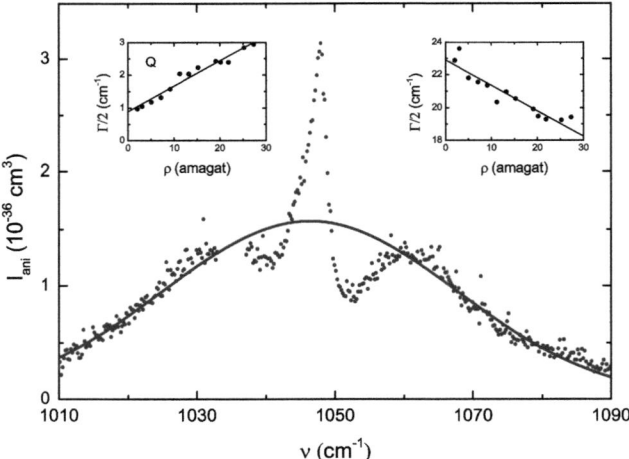

(b) Ajustement par une courbe gaussienne. L'encart de gauche correspond à la demi-largeur à $\frac{1}{\sqrt{e}}$ du maximum de la branche Q. L'encart de droite correspond à la demi-largeur à $\frac{1}{\sqrt{e}}$ du maximum du profil gaussien rendant compte de la totalité de la bande.

FIG. 4.9 : Spectres anisotropes en unité d'intensité absolue (cm^3). (a) : on observe l'élargissement de la branche Q avec la densité. (b) : une courbe gaussienne est ajustée aux ailes de la bande anisotrope pour un spectre typique ($\rho = 9.13$ amg). Cet ajustement fût utilisé pour mesurer la largeur totale de la bande.

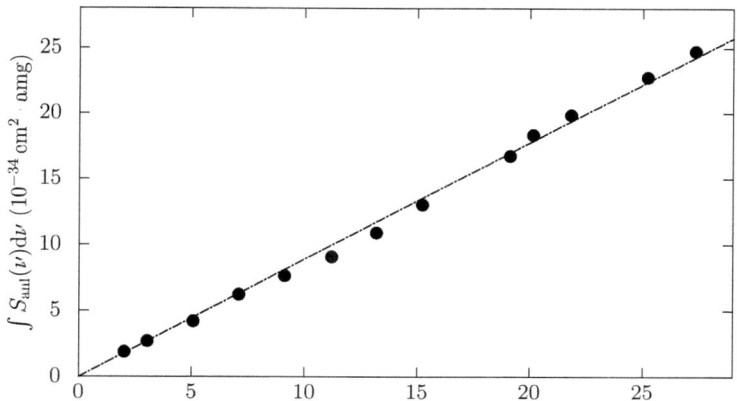

FIG. 4.10 : Sections efficaces anisotropes et droite de régression.

	M_0 anisotrope		Déviation
	$10^{-4}{a_0}^6$	10^{-54}cm^6	
Holzer & Ouillon [2, 7]	1.21	2.65	-38.5%
Holzer & Ouillon [2, 9]	1.80	3.95	-8.4%
Ce travail	2.3(3)	4.31(65)	–

TAB. 4.8 : Moment d'ordre zéro obtenu par intégration sur tout le spectre anisotrope expérimental, comparé avec le résultat de Holzer et Ouillon (cf annexes C.1 et C.2).

Expérience	Ajustement non-linéaire			
M_0(total)	M_0(total)	M_0(S)	M_0(O)	M_0(Q)
4.31(2)	4.14(2)	1.61(2)	1.71(1)	0.82(3)

TAB. 4.9 : Intensités intégrées des différentes branches du spectre anisotrope de la transition $2\nu_5$ du SF_6 en multiples de $10^{-54}\,\text{cm}^6$. Les incertitudes données correspondent à l'écart-type statistique sur le coefficient de régression.

Intensité des différentes branches

Par l'intermédiaire de la procédure d'ajustement évoquée au paragraphe 4.3.2, nous sommes remontés aux intensités intégrées des différentes branches du spectre anisotrope. Comme pour la totalité de la bande, le moment d'ordre zéro de chacune de ces branches est obtenu par l'ajustement d'une droite, dont l'origine est fixée égale à zéro, avec les constantes de normalisation des différentes branches. La somme des trois moments est inférieure de 4 % au moment total de la bande obtenu expérimentalement. Ceci est attribué au fait que le choix des fonctions utilisées dans l'ajustement ne reproduit pas avec suffisament de précision le profil expérimental. Les résultats obtenus sont donnés dans le tableau 4.9.

4.3.4 Largeur du spectre et effets induits par la pression

Effet de la pression sur la branche Q

La figure 4.9a montre les spectres anisotropes, normalisés par la densité (unité d'intensité absolue), pour l'ensemble des densités sondées. Cette figure met en évidence le fait que la branche Q subit un élargissement avec la densité. Cet élargissement est corrélé avec une décroissance progressive de la hauteur de la branche Q. Il est quantifié sur l'encart gauche de la figure 4.9b grâce à la droite d'ajustement :

$$\Gamma/2 \, (\mathrm{cm}^{-1}) = 0.89 + 0.078\rho \qquad (4.16)$$

Un faible déplacement induit par la pression est également observé. Les mesures de la position du sommet sont tracées sur l'encart droit de la figure 4.9a. Le coefficient de déplacement de cette bande est :

$$\delta = -5(2) \times 10^{-2} \, \mathrm{cm}^{-1} \cdot \mathrm{amg} \qquad (4.17)$$

D'autre part, l'intensité intégrée de cette branche Q montre une évolution linéaire avec la densité. Cette évolution est représentée sur l'encart gauche de la figure 4.9a. La régression linéaire conduit à l'expression suivante pour la dépendance en densité de la section efficace :

$$\left(\frac{d\sigma}{d\Omega}\right)_Q = (1.444 + 0.028\rho) \times 10^{-35} \, \mathrm{cm}^2 \qquad (4.18)$$

Largeur du spectre total

À l'aide des valeurs des moments d'ordre zéro et d'ordre deux, le moment d'ordre deux réduit se calcule par le biais de l'équation suivante :

$$\bar{M}_2^{1/2} = \frac{1}{2\pi c}\sqrt{\frac{M_2}{M_0}} = 22.4 \, \mathrm{cm}^{-1} \qquad (4.19)$$

D'autre part, nous avons fait intervenir la procédure d'ajustement par une courbe gaussienne pour mesurer la largeur totale de la bande, celle-ci diminuant au fur et à mesure que la densité augmente, au contraire de la branche Q qui s'élargit dans le même temps. Nous remarquons que le moment d'ordre zéro de cette gaussienne est quasiment identique au moment d'ordre zéro obtenu par intégration des données expérimentales, excédent ce dernier de 1.3 % en moyenne. La largeur de la courbe gaussienne ajustée, présentée sur l'encart droit de la figure 4.9b évolue entre 23.6 cm^{-1} et 19.2 cm^{-1}. Dans la limite à densité nulle, cette valeur tend vers $\Gamma/2 = 22.9(6) \, \mathrm{cm}^{-1}$ et le coefficient d'élargissement mesuré est : $\gamma \simeq -0.155 \, \mathrm{cm}^{-1} \cdot \mathrm{amg}^{-1}$. La demi-largeur ainsi mesurée, dans la limite des densités nulle, est en bon accord avec la mesure du moment d'ordre deux réduit donnée à l'équation 4.19.

4.3.5 Éléments de matrice du mode $2\nu_5$

Le groupe de symétrie de la molécule dans le mode de vibration $2\nu_5$ est identique pour toutes les premières harmoniques d'un mode triplement dégénéré de la molécule. Sa décomposition en tenseurs irréductible est $A_{1g} \oplus E_g \oplus F_{2g}$. Cette décomposition couple le tenseur de polarisabilité respectivement avec les modes ν_1, ν_2 et ν_5. La correspondance avec les quantités expérimentalement accessibles est la suivante : l'isotropie de la transition, que l'on note $(\alpha)^2$, correspond au tenseur A_{1g}, et l'anisotropie à la décomposition $E_g \oplus T_{2g}$. Ainsi, la valeur de $|\langle 000020|\bar{\alpha}|000000\rangle|$ est associée au moment isotrope M_0^{iso}, dont la valeur mesurée est donnée dans le tableau 4.6. La valeur de $\left|\left\langle 000020|\hat{\beta}|000000\right\rangle\right|^2$ est associée au moment anisotrope M_0^{ani}, dont la valeur mesurée est donnée dans le tableau 4.8. Les éléments de matrice se déduisent après normalisation par le facteur thermique :

$$|\langle 000020|\bar{\alpha}|000000\rangle| = \sqrt{\frac{M_0^{\text{iso}}}{\gamma(T)}} \tag{4.20}$$

$$\left|\left\langle 000020|\hat{\beta}|000000\right\rangle\right| = \sqrt{\frac{M_0^{\text{ani}}}{\gamma(T)}} \tag{4.21}$$

En prenant en compte la dégénérescence, les éléments du tenseur de polarisabilité pour les espèces E_g et T_{2g} considérées séparément sont [3] :

$$E_g \quad : \quad \frac{3}{2}|\langle 000020|\alpha_{xx} - \alpha_{yy}|000000\rangle|^2 \tag{4.22}$$

$$T_{2g} \quad : \quad 9\,|\langle 000020|\alpha_{xy}|000000\rangle|^2 \tag{4.23}$$

Étant impossible expérimentalement de séparer les intensités respectives de ces deux contributions, on peut donner des bornes supérieures pour ces éléments de matrice, d'après la valeur du moment d'ordre zéro anisotrope. Ces bornes sont ainsi :

$$|\langle 000020|\alpha_{xx} - \alpha_{yy}|000000\rangle| \leq \sqrt{\frac{2M_0^{\text{ani}}}{3\gamma(T)}} \quad \text{(tenseur } E_g\text{)} \tag{4.24}$$

$$|\langle 000020|\alpha_{xy}|000000\rangle| \leq \sqrt{\frac{M_0^{\text{ani}}}{9\gamma(T)}} \quad \text{(tenseur } T_{2g}\text{)} \tag{4.25}$$

où $\gamma(T)$ est le facteur thermique, dont la valeur pour la première harmonique du mode ν_5 est $\gamma(T) = 1.174$. En utilisant la valeur du moment d'ordre zéro de l'équation 4.15, nous pouvons ainsi déduire les limites supérieures des éléments de matrice précédemment évoqués. Ces limites sont données dans le tableau 4.10. Les corrections anharmoniques impliquant des constantes cubiques [16] ne peuvent être appliquées dans ce cas. À notre connaissance, il n'existe pas de données dans la littérature concernant les dérivées secondes des éléments ($\alpha_{xx} - \alpha_{yy}$) ou α_{xy} par rapport à la coordonnée normale du mode ν_5. D'autre part, les valeurs issues de la littérature pour la constante cubique ϕ_{255} sont inconsistantes. En effet, on a $\phi_{255} = 2.43\,\text{cm}^{-1}$ d'après [11] et $\phi_{255} = 30.05\,\text{cm}^{-1}$ d'après [5]. Bien que les participations soient indiscernables dans le spectre expérimental, nous pouvons, en vertu de la valeur du moment d'ordre zéro, donner des limites supérieures pour les dérivées contribuant à l'anisotropie de la transition. Celles-ci sont respectivement :

$$\left| \frac{\partial^2 (\alpha_{xx} - \alpha_{yy})}{\partial q_{5x}^2} \right|_{\text{anh}} \quad : \quad 2.11 \times 10^{-2}\,{a_0}^3 \qquad (4.26)$$

$$\left| \frac{\partial^2 \alpha_{xy}}{\partial q_{5x} \partial q_{5y}} \right|_{\text{anh}} \quad : \quad 0.86 \times 10^{-2}\,{a_0}^3 \qquad (4.27)$$

Composante	Élément de matrice	Ce travail	Shelton	Holzer
A_{1g}	$\lvert \langle 000020 \lvert \bar{\alpha} \rvert 000000 \rangle \rvert$	$1.98(14) \times 10^{-27}$	1.95×10^{-27}	1.58×10^{-27}
$E_g \oplus T_{2g}$	$\lvert \langle 000020 \lvert \bar{\beta} \rvert 000000 \rangle \rvert$	$1.92(14) \times 10^{-27}$	–	–
E_g seulement	$\lvert \langle 000020 \lvert \alpha_{xx} - \alpha_{yy} \rvert 000000 \rangle \rvert$	$\leq 1.6 \times 10^{-27}$	–	–
T_{2g} seulement	$\lvert \langle 000020 \lvert \alpha_{xy} \rvert 000000 \rangle \rvert$	$\leq 0.6 \times 10^{-27}$	–	–

TAB. 4.10 : Valeurs calculées des éléments de matrice de la polarisabilité. Les valeurs correspondant aux éléments du tenseur E_g et T_{2g} sont des limites hautes dans l'hypothèse que la seconde composante s'annule. Toutes les valeurs sont en cm^3.

Conclusion

Dans ce chapitre, nous avons montré l'existence d'une composante anisotrope pour le mode $2\nu_5$, dont l'élément de matrice est du même ordre de grandeur que celui de la composante isotrope. À cause du facteur de pondération géométrique $\frac{7}{45}$ intervenant dans la section efficace isotrope, le rapport de dépolarisation correspondant est relativement faible : $\eta_{\text{int}} = 0.12(1)$ (une valeur proche de $\frac{6}{52} \simeq 0.11$ puisque les deux éléments de matrice sont égaux). On observe ainsi de manière générale que si le rapport de dépolarisation est de l'ordre de $\frac{1}{10}$, l'élément de matrice de l'anisotropie n'est pas négligeable en dépit d'une signature expérimentalement ténue vis à vis de celle de l'isotropie (tenseur sphérique de rang 0).

Cette situation est encore davantage exacerbée lorsque le spectre anisotrope a une étendue spectrale supérieure à celle du spectre isotrope, ce qui est usuellement le cas, à cause de l'existence de branches rotationnelles de part et d'autre de la branche Q. Dans le cas de la première harmonique du mode ν_5, l'intensité crête du spectre anisotrope est ainsi 50 fois inférieure à celle qui est rencontrée concernant le spectre isotrope.

	spectre anisotrope		spectre isotrope
	branche Q	total	
$\Gamma/2$ (cm^{-1})	$0.89 + 0.078\rho$	$22.93 - 0.155\rho$	$1.3575 - 0.0008\rho$
δ (cm^{-1})	-0.05ρ		-0.01ρ

TAB. 4.11 : Ajustements linéaires des déplacements induits par la pression (δ) et demi-largeurs à $1/\sqrt{e}$ du maximum ($\Gamma/2$).

Cette observation est importante, car cela signifie que la mesure d'éléments de matrice équivalents est plus difficile pour les composantes participant à l'anisotropie (par exemple $\partial_{q3x}\partial_{q3z}\alpha_{yy}$ et $\partial_{q3x}\partial_{q3y}\alpha_{xy}$). L'existence d'un spectre anisotrope combiné avec un spectre isotrope n'est en théorie possible que pour des modes de combinaison. L'existence des couplages anharmoniques alors en jeu sont donc plus difficiles à étudier expérimentalement pour les espèces E_g et T_{2g} dans le cas du SF$_6$.

Le spectre anisotrope résolu en fréquence a pu être mis en évidence comme une conséquence de l'étude systématique du spectre dans les configurations horizontales et verticales, et du fait de la grande sensibilité de ce montage. En effet, cette bande est très large, et son maximum d'intensité est de 50 fois inférieur à celui du spectre isotrope. Ce dernier a également été obtenu et les éléments de matrice de l'isotropie et de l'anisotropie ont pu être déduits avec une bonne précision, sans aucune contamination par des processus induits par les collisions.

Le spectre anisotrope observé présente une structure rotationnelle composée d'une branche centrale et de deux branches rotationnelles. L'élargissement a été mesuré à la fois sur la branche centrale et sur l'ensemble de la bande. Un rétrécissement des branches rotationnelles a été observé, tandis que la branche Q s'élargit lorsque la densité augmente. Le décalage induit par la densité du sommet de la branche Q a également été mesuré.

Sur le spectre isotrope, l'élargissement mesuré s'est révélé très faible, et quasiment inexistant. Néanmoins, un déplacement du sommet de la bande a été observé, de moindre amplitude que celui mesuré sur le spectre anisotrope. Les déplacements et élargissements induits par la densité sont reportés dans le tableau 4.11 pour les spectres isotropes et anisotropes. D'autre part, le spectre isotrope est d'un intérêt particulier, car nous avons montré que son intensité totale est fortement dépendante de la température, à cause de la faible énergie du mode fondamental ν_5. Ceci est attribué à l'existence de bandes chaudes de type $x\nu_5 + 2\nu_5 - x\nu_5$ ($x \geq 0$) dans le spectre. De telles bandes chaudes n'ont pu cependant être séparées du continuum dans lequel elles se trouvent.

Ces travaux ont donné lieu à deux publications dans une revue à comité de lecture, *The Journal of Chemical Physics* [8, 17].

Bibliographie

[1] V. Boudon and D. Bermejo. First high-resolution Raman spectrum and analysis of the ν_5 bending fundamental of SF_6. *Journal of Molecular Spectroscopy*, 213(2) :139 – 144, 2002.

[2] W. Holzer and R. Ouillon. Forbidden Raman bands of SF_6 : collision induced Raman scattering. *Chemical Physics Letters*, 24(4) :589 – 593, 1974.

[3] D. P. Shelton and Lorenzo Ulivi. Vibrational hyperpolarizability of SF_6. *The Journal of Chemical Physics*, 89(1) :149–155, 1988.

[4] A.R. Hoy, I.M. Mills, and G. Strey. Anharmonic force constant calculations. *Molecular Physics*, 24(6) :1265–1290, 1972.

[5] Burton J. Krohn and John Overend. Force-field model for the stretching anharmonicities of sulfur hexafluoride. *The Journal of Physical Chemistry*, 88(3) :564–574, 1984.

[6] Robin S. McDowell and Burton J. Krohn. Vibrational levels and anharmonicity in SF_6 – II. anharmonic and potential constants. *Spectrochimica Acta Part A : Molecular Spectroscopy*, 42(2–3) :371 – 385, 1986.

[7] Wayne R. Fenner, Howard A. Hyatt, John M. Kellam, and S. P. S. Porto. Raman cross section of some simple gases. *J. Opt. Soc. Am.*, 63(1) :73–77, 1973.

[8] D. Kremer, F. Rachet, and M. Chrysos. More light on the $2\nu_5$ Raman overtone of SF_6 : Can a weak anisotropic spectrum be due to a strong transition anisotropy ? *The Journal of Chemical Physics*, 140(3), 2014.

[9] Boris S. Galabov and Todor Dudev. Chapter 8 intensities in Raman spectroscopy. In *Vibrational Intensities*, volume 22 of *Vibrational Spectra and Structure*, pages 189 – 214. Elsevier, 1996.

[10] M. Chrysos, I. A. Verzhbitskiy, F. Rachet, and A.P. Kouzov. Are asymmetric stretch Raman spectra by centrosymmetric molecules depolarized ? : The $2\nu_3$ overtone of CO_2. *Journal of Chemical Physics*, 134(4), 2011.

[11] D.P. Hodgkinson, J.C. Barrett, and A.G. Robiette. Anharmonicity of the stretching vibrations in SF_6. *Molecular Physics*, 54(4) :927–952, 1985.

[12] D. A. Long and E. L. Thomas. Raman intensities. part 9. – vibrational intensities for spherically symmetric modes of CH_4, CD_4, CF_4, SiF_4, SF_6, SeF_6 and TeF_6. *Trans. Faraday Soc.*, 59 :1026–1032, 1963.

[13] George Maroulis. Hexadecapole moment, dipole and quadrupole polarizability of sulfur hexafluoride. *Chemical Physics Letters*, 312(2–4) :255–261, 1999.

[14] V. Boudon, G. Pierre, and H. Bürger. High-resolution spectroscopy and analysis of the ν_4 bending region of SF_6 near $615\,\text{cm}^{-1}$. *Journal of Molecular Spectroscopy*, 205(2) :304 – 311, 2001.

[15] V. Boudon, M. Hepp, M. Herman, I. Pak, and G. Pierre. High-Resolution Jet-Cooled Spectroscopy of SF_6 : The $\nu_2 + \nu_6$ Combination Band of $^{32}SF_6$ and the ν_3 Band of the Rare Isotopomers . *Journal of Molecular Spectroscopy*, 192(2) :359 – 367, 1998.

[16] S. Montero. Anharmonic Raman intensities of overtones, combination and difference bands. *The Journal of Chemical Physics*, 77(1) :23–29, 1982.

[17] D. Kremer, F. Rachet, and M. Chrysos. From light-scattering measurements to polarizability derivatives in vibrational Raman spectroscopy : The $2\nu_5$ overtone of SF_6. *The Journal of Chemical Physics*, 138(17), 2013.

Chapitre 5

L'harmonique $2\nu_3$ du SF_6

Sommaire

Introduction	**111**
Résumé du chapitre	111
Revue de la littérature	111
5.1 Enregistrements expérimentaux	**112**
5.1.1 Protocole	112
5.1.2 Rapport de dépolarisation	113
5.2 Spectres isotropes	**115**
5.2.1 Bande chaude $\nu_6 + 2\nu_3 - \nu_6$	115
5.2.2 Spectre de l'isotopologue $^{34}SF_6$	116
5.2.3 Autres observations sur le spectre isotrope ...	118
5.2.4 Effets induits par la pression	119
5.2.5 Moment d'ordre zéro du spectre isotrope	120
5.3 Spectres anisotropes	**124**
5.3.1 Effets induits par la pression	125
5.3.2 Moment d'ordre zéro de la bande anisotrope .	127
5.4 Conclusion	**128**
Conclusion	**128**

Introduction

Résumé du chapitre

Parmis tous les modes de vibration de la molécule de SF_6, le mode ν_3 est d'une importance particulière, car cette transition est directement impliquée dans le forçage radiatif. Le mode fondamental ν_3 est un mode de vibration actif en absorption infrarouge (symétrie T_{1u}, trois fois dégénéré), dont la fréquence fondamentale est très proche de 948 cm^{-1}. La longueur d'onde équivalente est $\lambda = 10.55\,\mu\text{m}$. Dans ce chapitre, nous étudions la première harmonique de ce mode, par le biais du montage de spectroscopie Raman présenté dans le chapitre 3. En premier lieu, nous ferons une revue de la littérature concernant ce mode de vibration. Puis nous entrerons dans l'étude de la transition, en rappelant brièvement le protocole expérimental suivi, ainsi que les premières caractéristiques de ces spectres. Enfin, les spectres isotropes et anisotropes seront étudiés séparément dans les deux dernières parties de ce chapitre.

Revue de la littérature

L'objet de cette section est de présenter les résultats de la littérature concernant la polarisabilité de la première harmonique du mode ν_3 du SF_6. Ce mode de vibration est représenté sur la figure 5.1. La première harmonique du mode ν_3, le mode de vibration $2\nu_3$, est actif en spectroscopie Raman, et son groupe réduit de symétrie est $A_{1g} \oplus E_g \oplus T_{2g}$. Comme le groupe réduit de ce mode contient l'espèce totalement symétrique A_{1g} de dimension 1, ce mode de vibration aura un tenseur de polarisabilité dont la trace est non-nulle, ce qui va donner lieu à l'existence d'un spectre isotrope. Les deux espèces restantes E_g (de dimension 2) et T_{2g} (de dimension 3) seront à l'origine d'un spectre totalement dépolarisé. L'intensité intégrée de cette bande de transition a déjà été étudiée par le passé par Holzer et Ouillon [1] et Shelton et Ulivi [2]. La position alors reportée pour le maximum de la bande est $2\nu_3 = 1887\,\text{cm}^{-1}$. Les mesures issues de la littérature seront comparées avec nos propres résultats. Aucune observation du spectre résolu en fréquence de la bande $2\nu_3$ n'avait été faite en spectroscopie Raman avant notre travail.

Dans notre expérience, la résolution est bien plus faible ($\simeq 0.2\,\text{cm}^{-1}$) que l'état de l'art ne le permet. Ceci est dû au fait qu'une sensibilité élevée résulte d'un compromis sur la résolution de l'enregistrement. Néanmoins, des études à haute résolution ont pu être réalisée en infrarouge par spectroscopie bi-photonique, conduisant à la mesure de la levée de dégénérescence des différents états du mode $v_3 = 2$. Deux études ont été relevées dans la littérature dont les conclusions sur les résultats expérimentaux sont compatibles [3, 4]. Dans la première, le gaz a été étudié à des pressions de quelques pascals, et la bande correspondant à l'espèce de symétrie A_{1g} a été localisée à la fréquence 1889.01 cm^{-1} [3]. La levée de dégénerescence a également permis l'identification des espèces E_g et T_{2g} aux fré-

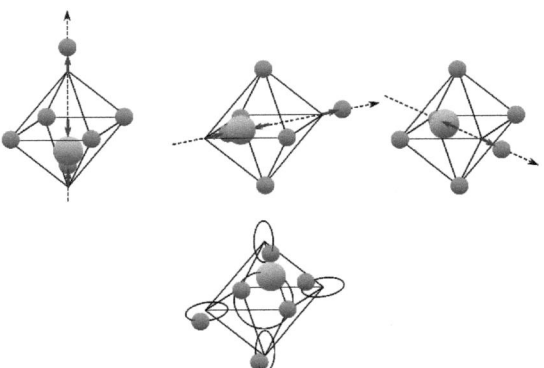

FIG. 5.1 : Représentation du mouvement ellipsoïdal de l'atome central sous l'effet du couplage des trois directions d'oscillation du mode ν_3.

quences respectives $1891.58\,\text{cm}^{-1}$ et $1896.68\,\text{cm}^{-1}$. Dans la seconde étude, une technique semblable a été utilisée et associée à l'utilisation d'un formalisme tensoriel adapté à l'analyse des spectres à très haute résolution [4]. Les écarts de mesure entre ces deux travaux sont inférieurs à $0.02\,\text{cm}^{-1}$.

En spectroscopie infrarouge, toutes les composantes de la transition sont présentes sur le spectre (A_{1g}, T_{2g} et E_g). En spectroscopie Raman, l'espèce A_{1g} est isolée dans le spectre isotrope. La seule levée de dégénérescence que nous devrions observer est donc le « split » vibrationnel entre les deux niveaux T_{2g} et E_g. La mesure par spectroscopie bi-photonique donne :

$$\Delta(2\nu_3) = 2\nu_{3,T_{2g}} - 2\nu_{3,E_g} = 5.10\,\text{cm}^{-1} \tag{5.1}$$

Remarquons que l'écart donné ici est relativement important. Il est possible d'associer cela aux fortes anharmonicités associées au mode d'étirement antisymétrique ν_3. Remarquons que les propriétés d'anharmonicité de ce mode sont peut être les constantes les mieux connues mais aussi les plus étudiées dans la littérature consacrée au SF_6.

5.1 Enregistrements expérimentaux

Dans cette section, nous détaillons la procédure expérimentale qui a été utilisée pour observer la bande de transition $2\nu_3$, ainsi que les caractéristiques des spectres expérimentaux acquis en configuration horizontale et verticale.

5.1.1 Protocole

Les enregistrements expérimentaux ont été réalisés pour 10 pressions comprises entre 2 et 16 bars, à la température $T = 294.5\,\text{K}$. Elles correspondent aux densités suivantes, données en amagats : 2, 3, 5, 7, 9, 11, 13, 15, 17 et 19. Les spectres ont été enregistrés en deux parties, avec un recouvrement de 20 cm^{-1} au sommet de la bande. La calibration par la transition $S_0(1)$ du dihydrogène a été réalisée, conformément à la procédure décrite dans le chapitre 3.

Le spectre vertical (une combinaison linéaire des spectres isotropes et anisotropes) contient une bande étroite (figure 5.2a) qui s'écrase au fur et à mesure que la densité croît. On peut distinguer deux pics au centre de la bande, à basse densité, qui fusionnent sous l'effet de l'élargissement par la pression.

Le spectre horizontal (figure 5.2b), pratiquement confondu avec le spectre anisotrope, a la forme d'une courbe gaussienne et ne montre pas de modification de forme flagrante avec la densité. Cette bande est plus large que le spectre vertical.

5.1.2 Rapport de dépolarisation

Une des premières informations que l'on peut obtenir des enregistrements expérimentaux après calibration, est le rapport de dépolarisation. Le rapport de dépolarisation résolu en fréquence, $\eta(\nu)$, est tracé sur la figure 5.3, pour trois pressions différentes. L'évolution en densité est essentiellement due aux caractéristiques du spectre vertical. Les modifications de forme du spectre horizontal avec la densité sont négligeables en comparaison.

Les discontinuités du rapport de dépolarisation à gauche et à droite de la bande principale correspondent à des bandes de transition étrangères. Celles-ci sont situées, de part et d'autre de la fréquence centrale, approximativement à 1850 cm^{-1} et à 1940 cm^{-1}. Tandis que la première bande est plutôt flagrante à basse densité, la seconde se discerne surtout par un examen plus attentif de la figure 5.3.

Le rapport de dépolarisation intégré η_{int} correspondant à :

$$\eta_{\text{int}} = \frac{\int S_\parallel(\nu)\mathrm{d}\nu}{\int S_\perp(\nu)\mathrm{d}\nu} \tag{5.2}$$

a été mesuré. La valeur de η_{int} a été calculée pour chaque densité et aucune corrélation de cette valeur avec l'évolution de la densité n'a été observée. La moyenne de tous les rapports de dépolarisation ainsi mesurés est $\eta_{\text{int}} = 0.43(2)$. L'incertitude donnée correspond à l'écart type des mesures. Ce rapport de dépolarisation mesuré n'est inférieur que de 6% à la valeur :

$$\eta_{\text{int}} = \frac{2 \times 0.30}{1 + 0.30} = 0.46 \tag{5.3}$$

déduite des mesures de Holzer et Ouillon (paragraphe 5), ce qui fait que les deux résultats sont compatibles. À partir des spectres expérimentaux acquis en configuration horizontale et verticale (figure 5.2) et des formules 5.4 et 5.5 appliquées aux spectres pour chaque densité, nous avons extrait les spectres dépolarisés (anisotropes) et isotropes, résolus en fréquence. Rappelons que nous avons $S(\nu) = I(\nu)\rho$. Les spectres isotropes sont représentés

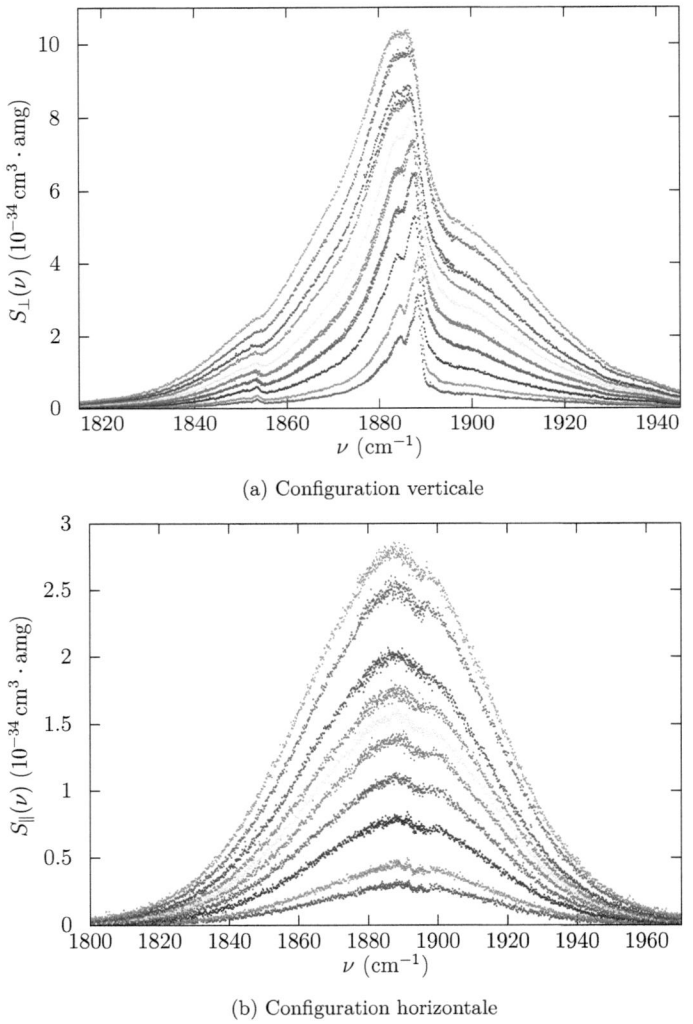

FIG. 5.2 : Spectres verticaux et horizontaux pour la transition $2\nu_3$ du SF_6, obtenus pour les dix densités étudiées, s'échelonnant de 2 à 19 amagats. L'intensité croît avec la densité.

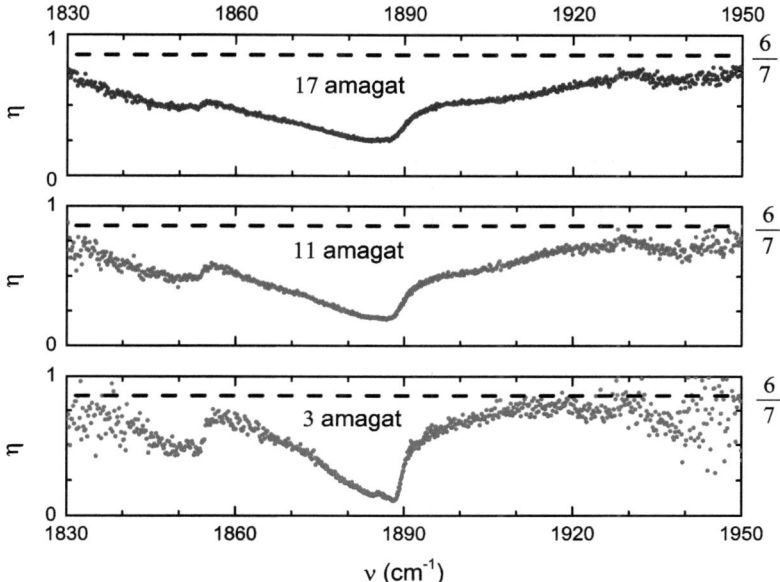

FIG. 5.3 : Rapport de dépolarisation résolu en fréquence pour les densités respectives 3, 11 et 17 amagats. La valeur de 6/7 correspond à un spectre complètement dépolarisé.

normalisé par la densité sur la figure 5.7. Les spectres anisotropes sont représentés en cm^3 · amg sur la figure 5.8 et normalisés à un pour trois densités sur la figure 5.9.

$$S_{\text{ani}}(\nu) = 1.01 \times S_{\parallel}(\nu) - 0.01009 \times S_{\perp}(\nu) \tag{5.4}$$

$$S_{\text{iso}}(\nu) = 1.017 \times S_{\perp}(\nu) - 1.184 \times S_{\parallel}(\nu) \tag{5.5}$$

5.2 Spectres isotropes

5.2.1 Bande chaude $\nu_6 + 2\nu_3 - \nu_6$

Comme le spectre isotrope ne dépend que de la polarisabilité scalaire, seule l'espèce A_{1g} est présente. Aucune dégénérescence n'est donc attendue. On observe cependant deux pics voisins et d'intensité comparable sur le spectre isotrope aux plus basses densités. Le pic le plus intense est identifié comme étant la bande de transition $2\nu_3$, située approximativement à 1888 cm^{-1}. L'autre pic, observé à gauche du pic principal, a son sommet positionné à environ 1884 cm^{-1}. Ce pic est bien résolu pour les densités 2, 3 et 5 amagats, mais se fond dans le continuum aux densités plus élevées en raison de l'élargissement induit par la pression. À la température ambiante $T = 294.5$ K, la statistique de Boltzmann

Densité	2 amg	3 amg	5 amg	7 amg
m($2\nu_3 \leftarrow 0$)	$1888.29\,\mathrm{cm}^{-1}$	$1888.17\,\mathrm{cm}^{-1}$	$1887.72\,\mathrm{cm}^{-1}$	$1887.49\,\mathrm{cm}^{-1}$
m($2\nu_3 + \nu_6 \leftarrow \nu_6$)	$1884.72\,\mathrm{cm}^{-1}$	$1884.50\,\mathrm{cm}^{-1}$	$1884.03\,\mathrm{cm}^{-1}$	$\approx 1884.04\,\mathrm{cm}^{-1}$
écart $\Delta\sigma$	$3.57\,\mathrm{cm}^{-1}$	$3.67\,\mathrm{cm}^{-1}$	$3.69\,\mathrm{cm}^{-1}$	$3.45\,\mathrm{cm}^{-1}$

TAB. 5.1 : Position absolue en nombre d'onde, des deux pics observés au sommet de la bande $2\nu_3$ du SF_6 pour le spectre isotrope. L'écart donné à 7 amg est considéré peu fiable, car les deux pics ne sont pas bien résolus. La moyenne des trois premières mesures donne l'écart $\Delta\sigma = 3.64(6)\,\mathrm{cm}^{-1}$.

prédit que 31.839 % des molécules du gaz sont dans l'état fondamental, que l'on note $\vec{v}_0 = (000000)$ [5]. Le premier état excité, en terme de population, est l'état $\vec{v}_1 = (000001)$, qui représente 17.49 % des molécules du gaz. Le rapport de ces deux populations est $\dfrac{P(\vec{v}_0)}{P(\vec{v}_1)} = 1.82$. Nous avons mesuré le rapport des hauteurs des deux pics pour les trois plus basses densités, et nous observons que cette valeur tend vers 1.82 dans la limite de la densité nulle. Ce pic est donc attribué à la première bande chaude :

$$2\nu_3 + \nu_6 \leftarrow \nu_6 \tag{5.6}$$

Nous avons mesuré les écarts entre les deux pics lorsqu'ils sont suffisamment bien résolus. Les résultats sont donnés dans le tableau 5.1.

5.2.2 Spectre de l'isotopologue $^{34}SF_6$

La bande de transition localisée approximativement à $1853.79\,\mathrm{cm}^{-1}$ est attribuée à la première harmonique du mode ν_3 de l'isotopologue $^{34}SF_6$. Cette espèce a les mêmes propriétés de symétrie que l'isotope majoritaire (les proportions respectives des différents isotopologues de la molécule sont données tableau 1, page 3). Les constantes de force des liaisons interatomiques, dépendant essentiellement de la configuration électronique de la molécule sont également supposées identiques pour les deux isotopologues. Ceci est attesté par la mesure de la fréquence d'oscillation du mode d'étirement totalement symétrique de $^{34}SF_6$, qui montre un décalage infime de $0.05\,\mathrm{cm}^{-1}$ par rapport à la fréquence de l'isotopologue principal [6].

On peut ainsi réaliser une extrapolation pour connaître l'élément de matrice de la transition de l'isotopologue. En général, pour l'oscillateur harmonique, la constante de couplage est $k = \mu\omega^2$ où μ est la masse réduite et ω la pulsation propre. Pour le mode ν_3, nous noterons les constantes de couplage $k_3(^{32}SF_6)$ pour le $^{32}SF_6$ et $k_3(^{34}SF_6)$ pour le $^{34}SF_6$, et nous supposerons que $k_3(^{32}SF_6) = k_3(^{34}SF_6)$. Nous avons donc, dans l'approximation harmonique, la relation suivante :

$$\mu_3(^{32}SF_6) \times \omega_3^2(^{32}SF_6) = \mu_3(^{34}SF_6) \times \omega_3^2(^{34}SF_6) \tag{5.7}$$

D'où la relation reliant les coordonnées normales des deux isotopologues :

$$\frac{q_3(^{34}\text{SF}_6)}{q_3(^{32}\text{SF}_6)} = \sqrt{\frac{\mu_3(^{34}\text{SF}_6)\omega_3(^{34}\text{SF}_6)}{\mu_3(^{32}\text{SF}_6)\omega_3(^{32}\text{SF}_6)}} = \sqrt{\frac{\omega_3(^{32}\text{SF}_6)}{\omega_3(^{34}\text{SF}_6)}} \tag{5.8}$$

En appliquant cette relation aux dérivées partielles de la polarisabilité, on obtient :

$$\left(\frac{\partial \hat{\alpha}}{\partial q_3}(^{34}\text{SF}_6)\right) = \sqrt{\frac{\omega_3(^{34}\text{SF}_6)}{\omega_3(^{32}\text{SF}_6)}} \times \left(\frac{\partial \hat{\alpha}}{\partial q_3}(^{32}\text{SF}_6)\right) \tag{5.9}$$

Pour le moment d'ordre zéro de la première harmonique, proportionnel au carré de la dérivée seconde, on a alors :

$$M_0\left(^{34}\text{SF}_6\right) = M_0\left(^{32}\text{SF}_6\right) \times \left(\frac{\omega_3(^{34}\text{SF}_6)}{\omega_3(^{32}\text{SF}_6)}\right)^2 \approx 0.96 \times M_0\left(^{32}\text{SF}_6\right) \tag{5.10}$$

Ce résultat, couplé avec la faible proportion des isotopologues secondaires dans l'échantillon, permet de prédire que l'intensité observée sera, avec une bonne approximation, celle de $^{32}\text{SF}_6$. Concernant les autres isotopes, présents en plus faible proportion encore, la déviation induite est d'autant plus négligeable. La forme du spectre $^{34}\text{SF}_6$ est semblable à celui de l'isotopologue principal (un pic principal, puis étalement des différentes bandes chaudes sur la gauche). Une superposition adéquate de ces deux spectres peut être trouvée sur la figure 5.4. La proportion de $^{34}\text{SF}_6$ dans le gaz est supposée identique à l'abondance naturelle de ^{34}S. En considérant que l'élément de matrice est à peu près équivalent entre les deux espèces isotopiques du SF_6, la hauteur du pic doit correspondre au ratio $^{34}\text{SF}_6:^{32}\text{SF}_6$, soit approximativement $\frac{1}{19}$.

La position de la bande isotopique observée ici est cohérente avec la position mesurée du mode fondamental ν_3 de l'isotope $^{34}\text{SF}_6$ [7, 8]. En effet, d'après les positions du mode ν_3 reportées dans [7], nous avons respectivement pour $^{34}\text{SF}_6$ et $^{32}\text{SF}_6$:

$$m_{\nu_3}(^{34}\text{SF}_6) = 930.4677\,\text{cm}^{-1}$$
$$m_{\nu_3}(^{32}\text{SF}_6) = 947.8840\,\text{cm}^{-1}$$

Soit un décalage de $-17.42\,\text{cm}^{-1}$. En comparaison, le décalage mesuré sur la bande $2\nu_3$ est :

$$m_{2\nu_3}(^{34}\text{SF}_6) - m_{2\nu_3}(^{32}\text{SF}_6) = -34.63(8)\,\text{cm}^{-1} \tag{5.11}$$

Soit approximativement deux fois le décalage observé pour le fondamental. L'observation de la bande isotopique ici est la première, à notre connaissance, jamais reportée.

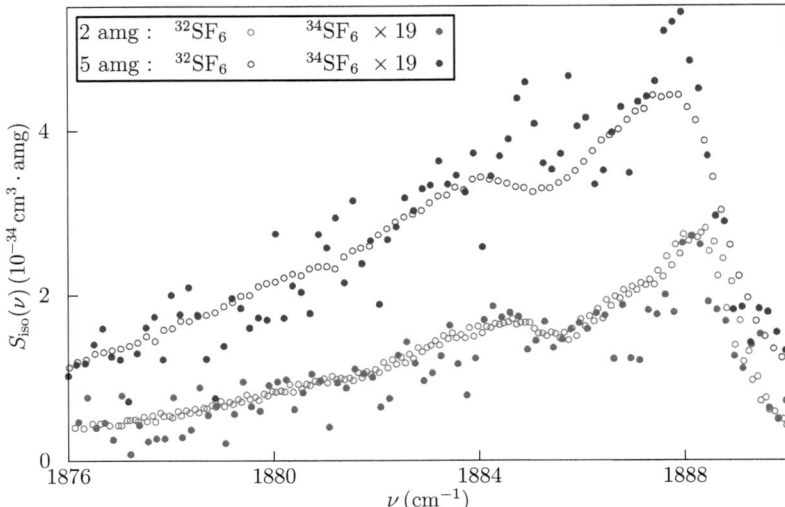

FIG. 5.4 : Spectre de la bande $2\nu_3$ de l'isotopologue $^{34}SF_6$ mis à l'échelle et superposé au spectre de l'isotopologue principal. Les cercles pleins correspondent au $^{34}SF_6$, les cercles vides au $^{32}SF_6$. La couleur rouge est associée à la densité $\rho = 2$ amg, la couleur bleue à la densité $\rho = 5$ amg.

5.2.3 Autres observations sur le spectre isotrope

Épaulement de l'aile droite

On voit apparaître sur les spectres isotropes (figure 5.5) un épaulement qui croît avec la pression entre $1900 \, \text{cm}^{-1}$ et $1910 \, \text{cm}^{-1}$. La décroissance très abrupte de l'intensité sur le côté Stokes de la bande est ainsi « brisée » par cet épaulement. On peut remarquer la présence dans le voisinage de la bande $2\nu_3$ de nombreux modes d'ordre trois, dont la liste est donnée dans le tableau 5.2. Cet épaulement constitue une redistribution de l'intensité de la bande, et son intensité est intégrée dans le calcul du moment d'ordre zéro.

Faible résonance dans l'aile lointaine

Une bande de très faible intensité est également observée sur les spectres isotropes à la fréquence approximative $1937 \, \text{cm}^{-1}$. Cette bande est bien mise en évidence sur les rapports de dépolarisation (figure 5.3). Son observation est également possible sur les spectres isotropes tracés en échelle semi-logarithmique (figure 5.5). L'intensité de cette bande est estimée inférieure de plus de deux ordres de grandeurs à celle de l'harmonique $2\nu_3$. Cette bande est probablement une signature du mode $\nu_2 + \nu_3 + \nu_6$, dont la symétrie est donnée dans le tableau 5.2.

$\nu = \sum_i v_i \nu_i$ (cm^{-1})	transition	symétrie
1873.39	$\nu_2 + 2\nu_4$	$A_{1g} \oplus A_{2g} \oplus 2E_g \oplus T_{1g} \oplus T_{2g}$
1895.96	$2\nu_3$	$A_{1g} \oplus E_g \oplus T_{2g}$
1896.84	$2\nu_1 + \nu_6$	T_{2u}
1901.72	$2\nu_2 + \nu_4$	$2T_{1u} \oplus T_{2u}$
1910.74	$\nu_3 + \nu_4 + \nu_6$	$A_{1u} \oplus A_{2u} \oplus 2E_u \oplus 3T_{1u} \oplus 4T_{2u}$
1913.13	$\nu_1 + \nu_4 + \nu_5$	$A_{2u} \oplus E_u \oplus T_{1u} \oplus T_{2u}$
1930.05	$3\nu_2$	$A_{1g} \oplus A_{2g} \oplus E_g$
1939.07	$\nu_2 + \nu_3 + \nu_6$	$A_{1g} \oplus A_{2g} \oplus 2E_g \oplus 2T_{1g} \oplus 2T_{2g}$
1941.46	$\nu_1 + \nu_2 + \nu_5$	$T_{1g} \oplus T_{2g}$

TAB. 5.2 : Modes de vibration d'ordre trois voisins de la transition $2\nu_3$. La symétrie est obtenue d'après la procédure détaillée au paragraphe 1.3.2.

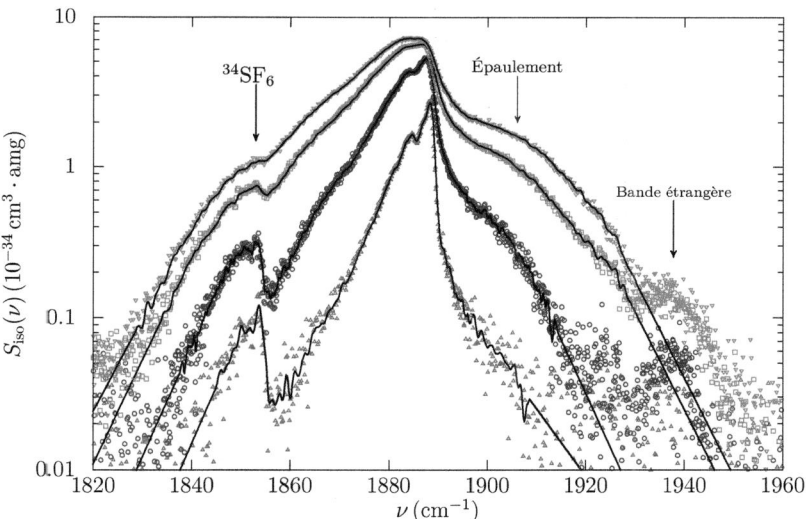

FIG. 5.5 : Spectres isotropes représentés en échelle semi-logarithmique pour les densités 2, 7, 13 et 19 amagats. Les extrapolations utilisées dans le calcul du moment sont tracées en ligne pleine.

5.2.4 Effets induits par la pression

Comme on peut le constater sur la figure 5.5, l'élargissement induit par la pression est quantitativement très important. Un déplacement du sommet de la bande induit par la pression a également été observé. L'étude de l'élargissement a consisté à mesurer la largeur totale de la bande (notée Γ) à $1/\sqrt{e}$ du sommet de la bande, la mesure de la position consistant à relever la position du maximum du pic central. Nous avons observé sur les spectres isotropes un élargissement et un déplacement induits par la densité dont l'évolution est quasi-linéaire. Les encarts gauche et droit de la figure 5.7 correspondent respectivement à la largeur (équation 5.12) et à la position du sommet (équation 5.13).

$$\Gamma\,(\text{cm}^{-1}) = 3.40(14) + 0.639(12)\rho \qquad (5.12)$$
$$\sigma\,(\text{cm}^{-1}) = 1888.42(6) - 0.127(6)\rho \qquad (5.13)$$

5.2.5 Moment d'ordre zéro du spectre isotrope

Les spectres isotropes sont tracés pour quelques densités représentatives, sur la figure 5.5, avec les extrapolations utilisées pour faire converger le moment d'ordre zéro. Les valeurs des intensités intégrées mesurées sur les spectres extrapolés que nous venons d'évoquer sont reportées sur la figure 5.6. Nous constatons ainsi une variation linéaire de l'intensité intégrée avec la densité. Le moment d'ordre zéro est déduit de la pente de la régression linéaire tracée sur cette figure. Il est reporté dans le tableau 5.3 où il est comparé aux résultats issus de travaux antérieures [1, 2]. Le moment d'ordre zéro retenu dans notre travail est celui obtenu d'après les extrapolations de la figure 5.5.

	M_0 isotrope		Déviation
	$10^{-4}{a_0}^6$	10^{-54}cm^6	
Holzer & Ouillon [1, 9][†]	2.78	6.10	$-25\,\%$
Holzer & Ouillon [1, 10][†]	4.14	9.09	$12\,\%$
Shelton & Ulivi [1, 2][‡]	3.76	8.25	$1.5\,\%$
Notre travail (brut)	3.75(25)	8.23(50)	$1.4\,\%$
Notre travail (extrapolations)	3.70(25)	8.12(50)	–

TAB. 5.3 : Moment d'ordre zéro obtenus d'une part par intégration sur tout le spectre isotrope « brut » et sur le spectre extrapolé. L'incertitude donnée est la somme de l'incertitude statistique et de l'incertitude systématique.
† : $\left(\frac{d\sigma}{d\Omega}\right)_\perp$ et ρ_s d'après la référence [1] ;
‡ : $\left(\frac{d\sigma}{d\Omega}\right)_\perp$ d'après la référence [2], **N**arrow part

Facteur thermique

Nous remontons à la dérivée anharmonique de la polarisabilité pour le mode $2\nu_3$ à partir du moment d'ordre zéro donné dans le tableau 5.3. L'équivalence, démontrée au chapitre 1, s'écrit :

$$M_0 = \frac{3}{2}\left(\frac{1}{2}\frac{\partial\bar{\alpha}^2}{\partial q_3}\right)^2_{\text{anh}} \times \frac{1}{\left(1-\exp\left(-\dfrac{hc\nu_3}{kT}\right)\right)^2} \qquad (5.14)$$

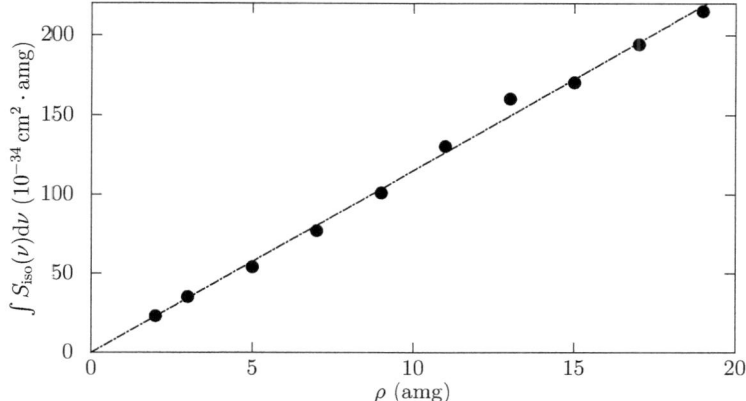

FIG. 5.6 : Intensités intégrées isotropes de la bande $2\nu_3$ du SF_6, obtenues à partir des spectres extrapolés (figure 5.5). Le coefficient directeur de la droite est $11.5(2) \times 10^{-34}\,\text{cm}^2$.

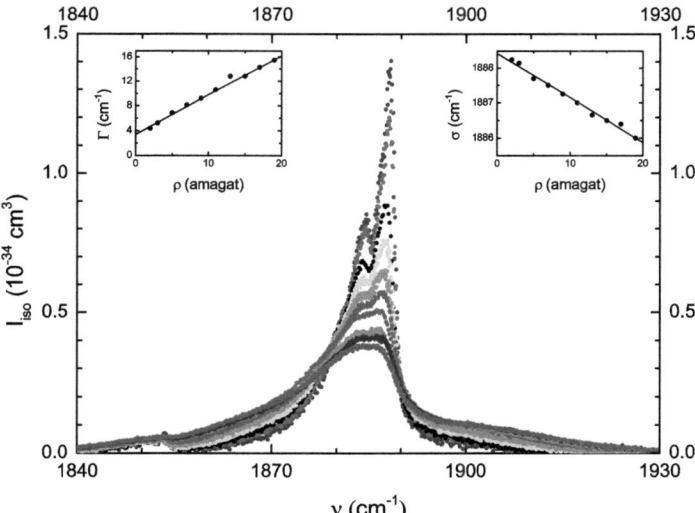

FIG. 5.7 : Spectres isotropes normalisés par la densité. L'encart de gauche représente la variation de la largeur à $\frac{1}{\sqrt{e}}$ du maximum et l'encart de droite la position du sommet de la bande.

Le mode de vibration ν_3 du SF_6 est très énergétique, donc peu excité à température ambiante. On a ainsi, avec $\nu_3 = 947.98\,\text{cm}^{-1}$ [11] :

$$\frac{hc\nu_3}{kT} = 4.63 \qquad (5.15)$$

D'où le facteur de dilatation thermique qui est :

$$\left(1 - \exp\left(-\frac{hc\nu_3}{kT}\right)\right)^{-2} = 1.0198(1) \tag{5.16}$$

L'expression de la dérivée anharmonique est ainsi, en unité cgs et atomique respectivement :

$$\left(\frac{\partial\bar{\alpha}^2}{\partial q_3^2}\right)_{\text{eff}} = \pm\sqrt{M_0\frac{8}{3} \times \frac{1}{1.0198}} = \begin{cases} \pm & 4.61 \times 10^{-27}\,\text{cm}^3 \\ \pm & 3.11 \times 10^{-2}\,\text{a}_0{}^3 \end{cases} \tag{5.17}$$

Corrections anharmoniques

En utilisant la valeur de la dérivée effective donnée précédemment, il est possible de remonter à une valeur de la dérivée harmonique. La formule obtenue à l'aide de la transformation de contact [12] est donnée dans l'équation 1.31. Dans cette dernière équation, nous identifions l'indice l avec le mode ν_3. Le fondamental n'est pas actif en spectroscopie Raman, et donc la trace du tenseur de polarisabilité ne se couple anharmoniquement qu'avec le mode $\nu_1(A_{1g})$ pour le spectre isotrope. En conséquence, l'équation 1.31 se réduit à :

$$\left(\frac{\partial^2\bar{\alpha}}{\partial q_3^2}\right)_{\text{anh}} = \left(\frac{\partial^2\bar{\alpha}}{\partial q_3^2}\right)_{\text{har}} + \frac{\phi^{331}\omega_1}{(4\omega_3^2 - \omega_1^2)}\left(\frac{\partial\bar{\alpha}}{\partial q_1}\right)_{\text{har}} \tag{5.18}$$

Ainsi, la valeur de la correction anharmonique ne dépend que des fréquences fondamentales ω_1 et ω_3, de la valeur de $\left(\frac{\partial\bar{\alpha}}{\partial q_1}\right)_{\text{har}}$ ainsi que de la constante de couplage ϕ^{331}.

Deux valeurs de cette constante sont disponibles dans la littérature. Les deux valeurs données sont très proches. Nous avons d'une part $\phi^{331} = -112.5\,\text{cm}^{-1}$ [13]. D'autre part, nous avons $\phi^{331} = 2 \times (-55.4) = -110.8\,\text{cm}^{-1}$ [14] [1]. De même, deux valeurs proches de $\left(\frac{\partial\bar{\alpha}}{\partial q_1}\right)_{\text{har}}$ sont relevées dans la littérature, l'une obtenue expérimentalement ($\partial\bar{\alpha}/\partial q_1 = 0.975\,\text{a}_0{}^3$) [16] et l'autre par calcul *ab initio* ($\partial\bar{\alpha}/\partial q_1 = 0.937\,\text{a}_0{}^3$) [17]. Les résultats du calcul effectif sont présentés dans le tableau 5.4. Le choix du signe de la dérivée effective conditionne la valeur de la dérivée anharmonique à un ordre de grandeur près.

---

[1] la correspondance entre la nomenclature utilisant des constantes C_{ijk} et ϕ_{ijk} est donnée dans la référence [15]

$\left(\frac{\partial^2 \bar{\alpha}}{\partial q_3^2}\right)_{\text{anh}}$ (10^{-2} a_0^3)	$\left(\frac{\partial^2 \bar{\alpha}}{\partial q_3^2}\right)_{\text{har}}$ (10^{-2} a_0^3)			
	(a,c)	(a,d)	(b,c)	(b,d)
3.11	5.95	5.84	5.90	5.80
−3.11	−0.27	−0.38	−0.32	−0.42

TAB. 5.4 : Corrections anharmoniques de la polarisabilité scalaire du mode $2\nu_3$.
(a) : La constante d'anharmonicité est $\phi_{133} = -112.5\,\text{cm}^{-1}$ [13].
(b) : La constante d'anharmonicité est $\phi_{133} = -110.8\,\text{cm}^{-1}$ [14].
(c) : La dérivée harmonique correspondant au mode ν_1 est $(\partial \bar{\alpha}/\partial q_1) = 0.975\,a_0^3$ [16].
(d) : La dérivée harmonique correspondant au mode ν_1 est $(\partial \bar{\alpha}/\partial q_1) = 0.937\,a_0^3$ [17].

5.3 Spectres anisotropes

Dans cette section, nous détaillons l'obtention des quantités physiques issues de l'étude des spectres anisotropes. Ces derniers ont une structure plus homogène (en apparence) que les spectres isotropes. L'allure générale est celle d'une courbe gaussienne, hormis l'irrégularité au sommet. Cette irrégularité est associée à la levée de dégénérescence évoquée au début du chapitre. Aux plus basses densités, on distingues trois maxima locaux sur les données expérimentales. Les positions de ces trois irrégularités sont notées dans le tableau 5.5.

Les positions que nous avons relevé pour les deux premières irrégularités (pic 1 et pic 2) associées avec les mesures des positions des modes E_g et T_{2g} de la référence [4] permettent de supposer la correspondance pic 1 $\leftrightarrow E_g$ et pic 2 $\leftrightarrow T_{2g}$. L'origine du pic 3 n'est par contre pas déterminée. Dans ce qui suit, nous procédons à l'extraction des informations numériques contenues dans les spectres anisotropes obtenus en suivant le protocole expérimental précédemment détaillé. Nous donnons ensuite les intensités intégrées anisotropes et le moment d'ordre zéro associé. Enfin, nous étudions l'élargissement ainsi que le déplacement de la bande induits par la pression.

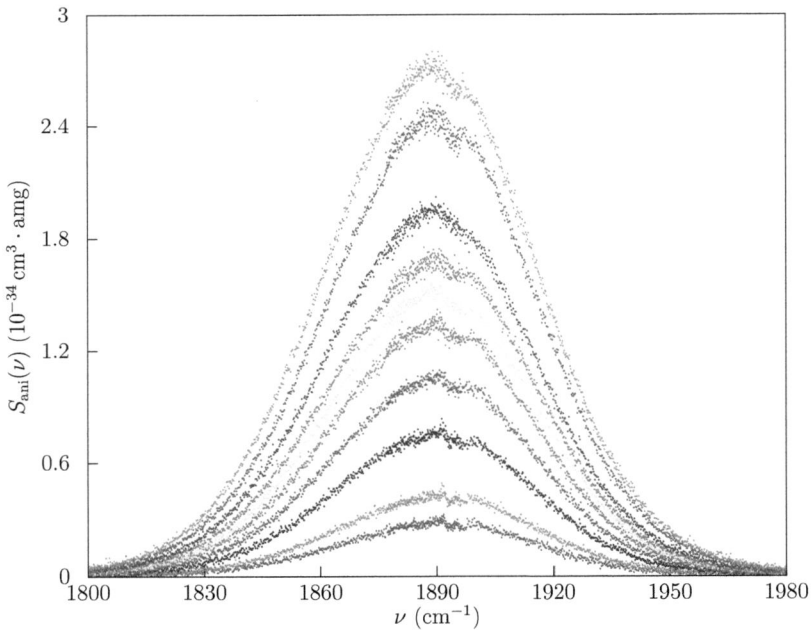

FIG. 5.8 : Spectres anisotropes de la bande $2\nu_3$.

Densité (amg)	pic 1 (cm^{-1})	pic 2 (cm^{-1})	pic 3 (cm^{-1})
2	1891.80	1895.07	1899.64
3	1891.43	1894.93	1899.27
5	1891.48	1894.64	1899.61
7	1891.05	1895.84	1899.43
9	1890.38	1894.45	1898.97
Moyenne $\bar{\nu}$	1891.23	1894.99	1899.38
Déviation $\Delta\nu$	0.49	0.48	0.25

TAB. 5.5 : Position absolue en nombre d'onde des pics observés au sommet de la bande anisotrope de la transition $2\nu_3$ du SF_6. Le pic 1 est associé à l'espèce E_g tandis que le pic 2 est associé à l'espèce T_{2g}.

5.3.1 Effets induits par la pression

L'élargissement spectral est moins évident à déceler que sur les spectres isotropes. Un examen attentif de la figure 5.9, montre le spectre anisotrope dont l'aire est normalisée à un pour trois densités différentes, permet d'appréhender à la fois le faible déplacement induit par la pression et l'élargissement.

Nous avons étudié la largeur totale à $1/\sqrt{e}$ de l'intensité maximale, notée Γ, ainsi que le déplacement de la bande avec la densité. Ces grandeurs sont mesurées en ajustant une courbe gaussienne à chacun des spectres expérimentaux. Un tel ajustement est montré, à titre d'exemple, sur la figure 5.10 pour la densité 9 amg.

La largeur ainsi mesurée (correspondant à deux fois l'écart type de la gaussienne) correspond à l'encart gauche de la figure 5.9. Le déplacement induit par les collisions est visualisé sur l'encart droit de cette même figure qui représente la position du sommet de la bande. Pour l'élargissement, un seul point aberrant apparaît pour 2 amg, il n'est pas utilisé dans le calcul des coefficients de la droite de régression.

En ce qui concerne la largeur, une droite d'équation $\Gamma = \Gamma_0 + \gamma \times \rho$ est ajustée aux données expérimentales. Les coefficients déduits de la régression sont :

$$\Gamma\,(cm^{-1}) = 51.10(12) + 0.212(11) \times \rho \tag{5.19}$$

Une procédure identique est appliquée pour la position du sommet. La droite de régression a l'équation suivante :

$$\sigma\,(cm^{-1}) = 1892.39(28) - 0.271(23) \times \rho \tag{5.20}$$

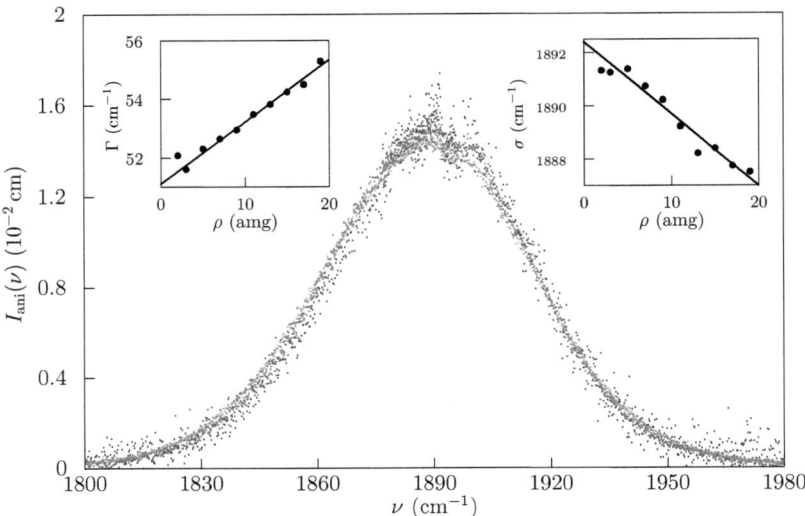

FIG. 5.9 : Spectres anisotropes dont l'aire est normalisée à un pour les densités 2 amg, 9 amg et 19 amg. L'encart de gauche indique la largeur Γ à $1/\sqrt{e}$ du maximum de la bande en fonction de la densité. L'encart de droite représente l'évolution de la position du sommet de la bande avec la densité.

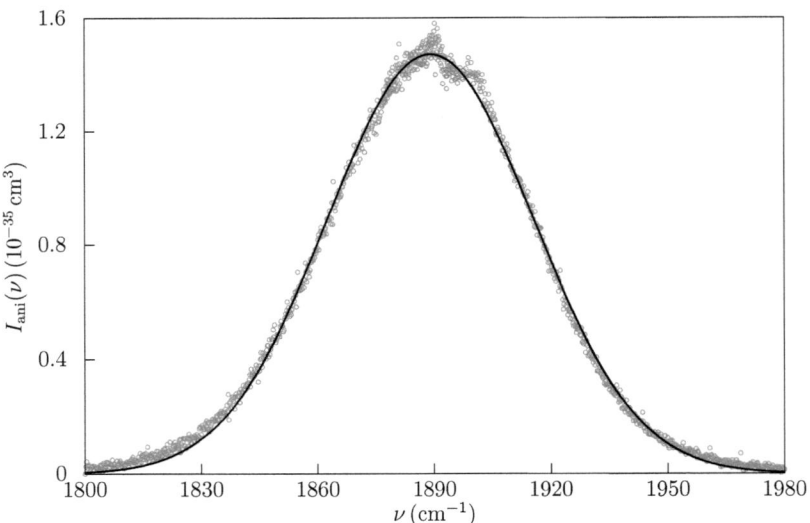

FIG. 5.10 : Ajustement d'une courbe gaussienne au spectre anisotrope acquis à la densité $\rho = 9$ amg.

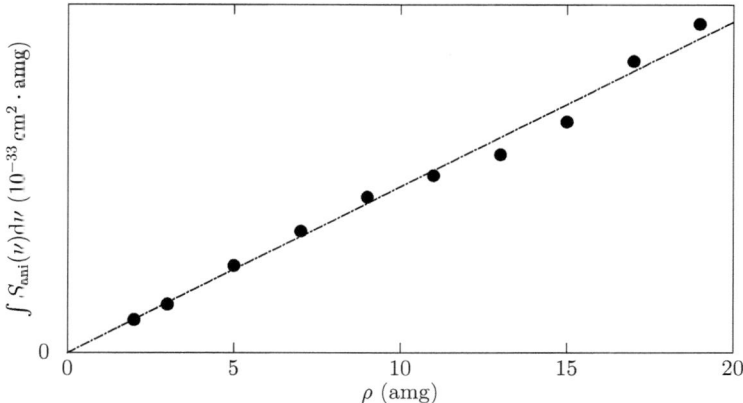

FIG. 5.11 : Intensités intégrées anisotropes de la transition $2\nu_3$ du SF_6. Le coefficient directeur de la droite est $9.51(17) \times 10^{-34}$ cm^2.

	M_0 anisotrope		Déviation
	$10^{-3}a_0^6$	10^{-53}cm^6	
Holzer & Ouillon[†] ([1, 9])	2.08	4.58	-9%
Holzer & Ouillon[†] ([1, 10])	3.10	6.82	35%
Shelton & Ulivi[‡] ([2])	2.70	5.93	17.7%
Notre travail	2.29(15)	5.04(32)	—

TAB. 5.6 : Moment d'ordre zéro obtenu par intégration sur tout le spectre anisotrope comparé aux valeurs existantes dans la littérature. L'incertitude donnée est la somme quadratique de l'incertitude statistique et de l'incertitude systématique liée à la procédure de calibration, estimée à 6%.
[†] : $\left(\frac{d\sigma}{d\Omega}\right)_\perp$ et ρ_s d'après la référence [1] ; Cf annexe C.1.
[‡] : $\left(\frac{d\sigma}{d\Omega}\right)_\perp$ d'après la référence [2], **W**ide part $\left(\times\frac{45}{7}\right)$.

5.3.2 Moment d'ordre zéro de la bande anisotrope

Le moment d'ordre zéro est déduit de la mesure des intensités intégrées pour chacune des densités étudiées. Ces intensités intégrées sont reportées sur la figure 5.11, et le moment d'ordre zéro résultant est donné dans le tableau 5.6, comparé avec les sections efficaces de la littérature. Shelton et Ulivi ont pu séparer la transition en une bande large (attribuée à l'anisotropie de la transition) et une bande étroite (attribuée à l'isotropie du tenseur). Nous pouvons observer que leur décomposition est en bon accord avec la valeur du moment d'ordre zéro anisotrope que nous avons obtenu. Comme nous l'avons vu au chapitre 1, le moment d'ordre zéro anisotrope d'un mode de transition triplement dégénéré a une expression non triviale, que l'on rappelle ici :

$$M_0^{\text{ani}} = \left(\beta_{aa}^2 + 2\beta_{ab}^2\right) \frac{3}{8} \left[1 - \exp\left(-\frac{hc\nu_3}{kT}\right)\right]^{-2} \tag{5.21}$$

Nous ne pouvons pas dissocier les contributions respectives des dérivées secondes mixtes (ab) et non mixtes (aa). En conséquence, nous pouvons écrire la valeur de $\beta_{aa}^2 + 2\beta_{ab}^2$, en utilisant la valeur du moment présentée dans le tableau 5.6 :

$$\beta_{aa}^2 + 2\beta_{ab}^2 = \frac{8}{3} \times \frac{1}{1.0198} \times 2.29 \times 10^{-3} = 5.99 \times 10^{-3} \, a_0^6 \tag{5.22}$$

Ainsi, nous avons éliminé à la fois la dépendance thermique et les coefficients numériques apparaissant dans l'expression de la section efficace, associés au développement en série de Taylor de la polarisabilité (équation 1.16). D'après les équations 1.81 et 1.82, on peut donner des limites supérieures pour les dérivées du tenseur de polarisabilité. Celles-ci sont respectivement :

$$\left|\frac{\partial^2(\alpha_{xx} - \alpha_{yy})}{\partial q_{3x}^2}\right|_{\text{anh}} \quad : \quad 7.74 \times 10^{-2} \, a_0^3 \tag{5.23}$$

$$\left|\frac{\partial^2 \alpha_{xy}}{\partial q_{3x} \partial q_{3y}}\right|_{\text{anh}} \quad : \quad 3.16 \times 10^{-2} \, a_0^3 \tag{5.24}$$

5.4 Conclusion

Sur les spectres étudiés, nous avons pu extraire, pour chaque densité, un spectre isotrope et un spectre anisotrope. L'étude en intensité intégrée a permis de démontrer que l'intensité est proportionnelle à la densité dans les deux cas.

Le spectre anisotrope conserve sa forme générale, très proche d'une gaussienne, pour toutes les densités étudiées. Un déplacement et un étrécissement induits par la pression ont toutefois été mesuré, à l'aide d'un ajustement par un profil gaussien. Une procédure similaire a été appliquée au spectre isotrope et, dans les deux cas, les effets d'élargissement et de déplacement montrent une dépendance linéaire en densité. L'étude de cette bande de transition a été soumise au *Journal of Chemical Physics* [18].

Outre la transition $2\nu_3$ de la molécule de $^{32}\text{SF}_6$ à environ $1888\,\text{cm}^{-1}$, nous avons observé la transition $2\nu_3$ de l'isotope $^{34}\text{SF}_6$, située approximativement à la fréquence Raman $1853.5\,\text{cm}^{-1}$. Le décalage mesuré est approximativement deux fois celui observé pour le mode fondamental ν_3.

Un autre phénomène observé est l'apparition d'un épaulement prononcé sur le spectre isotrope, concomitant à l'augmentation de la fréquence des collisions dans le gaz. Enfin, une très faible bande de transition a été observée, et l'hypothèse proposée l'attribue au mode $\nu_2 + \nu_3 + \nu_6$ de la molécule SF_6.

Bibliographie

[1] W. Holzer and R. Ouillon. Forbidden Raman bands of SF_6 : collision induced Raman scattering. *Chemical Physics Letters*, 24(4) :589 – 593, 1974.

[2] D. P. Shelton and Lorenzo Ulivi. Vibrational hyperpolarizability of SF_6. *The Journal of Chemical Physics*, 89(1) :149–155, 1988.

[3] C.W. Patterson, F. Herlemont, M. Azizi, and J. Lemaire. Doppler-free two-photon spectroscopy of the $2\nu_3$ band of SF_6. *Journal of Molecular Spectroscopy*, 108(1) :31 – 41, 1984.

[4] M Khelkhal, E. Rusinek, J. Legrand, F. Herlemont, and G. Pierre. Sub-doppler study of the $\nu_3 = 2$ state of SF_6 by infrared–infrared double resonance with a sideband spectrometer. *The Journal of Chemical Physics*, 107(15) :5694–5701, 1997.

[5] D. Kremer, F. Rachet, and M. Chrysos. From light-scattering measurements to polarizability derivatives in vibrational Raman spectroscopy : The $2\nu_5$ overtone of SF_6. *The Journal of Chemical Physics*, 138(17), 2013.

[6] V. Boudon, J.L. Doménech, D. Bermejo, and H. Willner. High-resolution raman spectroscopy of the ν_1 region and Raman–Raman double resonance spectroscopy of the $2\nu_1 - \nu_1$ $^{32}SF_6$ and $^{34}SF_6$. determination of the equilibrium bond length of sulfur hexafluoride. *Journal of Molecular Spectroscopy*, 228(2) :392 – 400, 2004.

[7] V. Boudon, M. Hepp, M. Herman, I. Pak, and G. Pierre. High-Resolution Jet-Cooled Spectroscopy of SF_6 : The $\nu_2 + \nu_6$ Combination Band of $^{32}SF_6$ and the ν_3 Band of the Rare Isotopomers . *Journal of Molecular Spectroscopy*, 192(2) :359 – 367, 1998.

[8] G. Baldacchini, S. Marchetti, and V. Montelatici. Diode laser spectrum of the ν_3 band of $^{34}SF_6$. *Journal of Molecular Spectroscopy*, 91(1) :80 – 86, 1982.

[9] Wayne R. Fenner, Howard A. Hyatt, John M. Kellam, and S. P. S. Porto. Raman cross section of some simple gases. *J. Opt. Soc. Am.*, 63(1) :73–77, 1973.

[10] Boris S. Galabov and Todor Dudev. Chapter 8 intensities in Raman spectroscopy. In *Vibrational Intensities*, volume 22 of *Vibrational Spectra and Structure*, pages 189 – 214. Elsevier, 1996.

[11] Camille Chapados and George Birnbaum. Infrared absorption of SF_6 from 32 to $3000\,cm^{-1}$ in the gaseous and liquid states. *Journal of Molecular Spectroscopy*, 132(2) :323 – 351, 1988.

[12] S. Montero. Anharmonic Raman intensities of overtones, combination and difference bands. *The Journal of Chemical Physics*, 77(1) :23–29, 1982.

[13] D.P. Hodgkinson, J.C. Barrett, and A.G. Robiette. Anharmonicity of the stretching vibrations in SF_6. *Molecular Physics*, 54(4) :927–952, 1985.

[14] Burton J. Krohn and John Overend. Force-field model for the stretching anharmonicities of sulfur hexafluoride. *The Journal of Physical Chemistry*, 88(3) :564–574, 1984.

[15] D.P. Hodgkinson, R.K. Heenan, A.R. Hoy, and A.G. Robiette. Vibrational anharmonicity in octahedral XY_6 molecules. *Molecular Physics*, 48, 1983.

[16] D. A. Long and E. L. Thomas. Raman intensities. part 9. – vibrational intensities for spherically symmetric modes of CH_4, CD_4, CF_4, SiF_4, SF_6, SeF_6 and TeF_6. *Trans. Faraday Soc.*, 59 :1026–1032, 1963.

[17] George Maroulis. Hexadecapole moment, dipole and quadrupole polarizability of sulfur hexafluoride. *Chemical Physics Letters*, 312(2–4) :255–261, 1999.

[18] M. Chrysos, D. Kremer, and F. Rachet. The $2\nu_3$ Raman overtone of sulfur hexafluoride : Absolute spectra, pressure effects, and polarizability properties. *The Journal of Chemical Physics*, 140(12), 2014. doi : http ://dx.doi.org/10.1063/1.4869097.

Chapitre 6

La bande ν_3 du SF_6 induite par les collisions

Sommaire

Introduction		133
	Revue de la littérature	133
6.1	**Protocole expérimental et dépouillement**	**134**
	6.1.1 Enregistrements expérimentaux	134
	6.1.2 Extrapolation des spectres expérimentaux	135
6.2	**Étude des spectres résolus en fréquence**	**136**
	6.2.1 Rapport de dépolarisation résolu en fréquence	138
	6.2.2 Spectres normalisés par la densité au carré	138
	6.2.3 Extraction du spectre binaire anisotrope	139
	6.2.4 Spectre isotrope	144
6.3	**Intensités intégrées de la bande**	**144**
	6.3.1 Sections efficaces verticale et horizontale	144
	6.3.2 Calculs des moments spectraux	147
Conclusion et perspectives		148

Introduction

Le mode de vibration ν_3 du SF_6, dit d'« mode d'étirement antisymétrique », est actif en infrarouge et a fait l'objet de nombreuses études expérimentales et théoriques [1, 2, 3, 4]. La section efficace de ce mode de vibration est d'une part très élevée, et d'autre part la durée de vie du SF_6 dans l'atmosphère est relativement longue (gaz chimiquement inerte). Ainsi, une seule molécule de SF_6 a une contribution à l'effet de serre qui est équivalente à 23 900 molécules de dioxyde de carbone sur un horizon de 100 années [5, chap. 2].

Ce mode de vibration est également intéressant d'un point de vue fondamental car son étude permet une fine compréhension des processus de photo-dissociation par excitation multi-photoniques et permet l'application à la photo-dissociation isotopique des atomes de fluor du SF_6 [4, 6, 7].

Les études citées plus haut sont des études en absorption infrarouge. En effet, la transition ν_3 du SF_6 est interdite en diffusion Raman standard pour des raisons de symétrie (symétrie T_{1u}). Cependant, une bande de transition a été observée en spectroscopie de diffusion, dans le SF_6 en phase gazeuse et liquide, centrée sur la fréquence de vibration ν_3 [8]. Le spectre alors reporté correspond à une bande large, dont le rapport de dépolarisation est relativement élevé, correspondant à $\rho_s = 0.65$. Cette bande de transition voit son intensité intégrée dépendre quadratiquement de la densité du milieu, ce qui est la signature d'une bande induite par les interactions à deux corps au sein de l'échantillon.

C'est donc un nouveau complexe moléculaire que nous étudions ici, dont la symétrie est différente de celle de la molécule isolée. Ces paires moléculaires sont appelées dimères, et l'on peut noter un tel complexe moléculaire $(SF_6)_2$. L'objet de ce chapitre est l'étude expérimentale de cette bande de transition, renouvelée dans le cadre d'un protocole expérimental moderne et adapté aux signaux Raman de très faible intensité.

Revue de la littérature

La bande ν_3 induite par les collisions a fait l'objet d'une observation expérimentale au photo-multiplicateur, par Holzer et Ouillon, à la fin des années 1970. Ces auteurs ont décelé, en plus de la contribution binaire, dont la dépendance est quadratique en densité, une contribution dont l'intensité dépend linéairement de la densité. L'origine de cette contribution linéaire n'a pu être, à l'époque, déterminée avec certitude. L'étude de cette contribution sera détaillée dans le chapitre 7. Nous faisons dans le présent paragraphe une courte revue de la littérature concernant les processus induits par les collisions, plus particulièrement concernant les molécules à haut degré de symétrie (CF_4 et SF_6 en sont des exemples)

Les mécanismes induits par les collisions ont fait l'objet de recherches expérimentales et théoriques depuis l'après-guerre. Les premiers dimères étudiés furent les paires moléculaires O_2 et N_2 [9]. Ces dernières, à cause de l'absence de moment dipolaire, sont inactives en spectroscopie d'absorption si l'on considère la molécule isolée. Cependant, les interactions entre molécules induisent l'apparition d'un moment dipolaire qui est visible en spectroscopie d'absorption. L'observation de l'activité infrarouge dans des mélanges hétérogènes de gaz rares fût reportée ultérieurement [10]. De nombreux travaux théoriques sont dédiés à l'étude de ces phénomènes [11].

L'étude des processus induits par collisions s'est par la suite étendue aux modifications de polarisabilité, étudiés par l'intermédiaire de la diffusion Raman. Concernant la molécule SF_6, hautement symétrique, de nombreuses études ont été réalisées en spectroscopie de diffusion [12, 13, 14, 15]. Les polarisabilités dipôle-octopôle ont été déduites [16] d'après des mesures expérimentales. Ces études concernent principalement les spectres centrés sur la raie Rayleigh de la molécule (également connus sous l'appellation de spectres rototranslationnels). Concernant les spectres induits par collisions dans les gaz moléculaires, des études théoriques ont été menées pour établir les méthodes mathématiques les plus appropriées à l'étude de tels spectres [17, 18]. Ce domaine de recherche est toujours très actif.

L'existence de spectres induits par les collisions à des fréquences vibrationnelles propres de la molécule a également été mise en évidence pour la molécule SF_6 [19, 20]. Les études trouvées dans la littérature à ce sujet sont consacrées à l'étude de la diffusion induite par les collisions à la fréquence du mode d'étirement totalement symétrique.

Enfin, plus particulièrement, une étude théorique originale des mécanismes de polarisabilité induite dans les gaz a vu le jour [21], motivée par l'observation de spectres induits aux fréquences Raman ν_6 et ν_3 de la molécule [8]. Cette étude a été appliquée en particulier à la bande ν_3 [22, 23] dont nous faisons l'étude expérimentale détaillée dans la suite du texte.

6.1 Protocole expérimental et dépouillement

6.1.1 Enregistrements expérimentaux

Dans cette section, nous faisons une revue active du protocole expérimental suivi. En particulier nous détaillons la procédure d'acquisition et les caractéristiques des spectres horizontaux et verticaux. Les spectres utilisés dans cette étude sont centrés respectivement sur les fréquences raman $990 \, \text{cm}^{-1}$ et $1090 \, \text{cm}^{-1}$, puis combinés pour donner une représentation du domaine spectral allant de $920 \, \text{cm}^{-1}$ à $1160 \, \text{cm}^{-1}$. On peut noter que les densités enregistrées sont identiques à celles reportées au chapitre 4. En effet, les données sont issues du même lot de données acquises à l'occasion de l'observation de la transition $2\nu_5$. Cependant la procédure de dépouillement est tout à fait différente.

Calibration

Dans un premier temps, les spectres horizontaux et verticaux enregistrés subissent le prétraitement décrit dans le chapitre 3, puis sont multipliés par les facteurs de calibration donnés respectivement aux équations 3.12 et 3.13. L'ensemble du protocole est décrit dans la section 3.2, nous ne détaillons pas davantage la procédure ici. Nous obtenons ainsi deux spectres pour chaque densité (correspondant aux géométries verticale et horizontale), dont la liste est la suivante : 2.03, 3.05, 5.07, 7.11, 9.13, 11.21, 13.20, 15.23, 19.12, 20.15, 21.83, 25.22 et 27.34 amagats. Dans les sections 6.1.2 et 6.1.2 qui suivent ce paragraphe, nous faisons une étude plus détaillée des spectres expérimentaux ainsi calibrés et des ajustements réalisés pour pallier d'éventuelles contaminations.

6.1.2 Extrapolation des spectres expérimentaux

Extrapolation des spectres horizontaux

Le spectre horizontal de la bande ν_3 de la transition est quasiment exempt de perturbations. En conséquence, une simple procédure d'extrapolation des ailes de la bande ν_3 a été appliquée. La méthode « standard » d'ajustement par des fonctions exponentielles décroissantes s'est montrée adaptée à la situation et à l'allure des ailes de la bande de transition. Les plus basses densités sont représentées sur la figure 6.1a. L'ensemble des spectres horizontaux, associés aux extrapolations définies plus haut, sont donnés dans l'annexe A, page 196.

Perturbations sur les spectres verticaux

En opposition avec la facilité de traitement des spectres horizontaux, les spectres verticaux de la transition présentent davantage de difficulté (voir l'annexe A, page 195). À droite, la perturbation est attribuée avec certitude à la transition $2\nu_5$ (1047 cm^{-1}). En terme d'intensité intégrée, l'erreur introduite par cette perturbation est très faible car la bande de la transition $2\nu_5$ est très étroite en ce qui concerne le spectre isotrope, tandis que le spectre anisotrope est trop peu intense pour gêner la mesure de manière significative. Nous ne sommes donc quasiment pas perturbé à droite de la bande ν_3. À gauche cependant, nous observons une perturbation systématique, uniquement significative sur les spectres verticaux. Cela peut être constaté en comparant les spectres tracés sur les figures 5.1a et 6.1b. Le fait que cette perturbation soit absente des spectres horizontaux laisse penser que la perturbation observée est très polarisée et que, en conséquence, elle ne sera visible que sur les spectres isotropes. Nous ne connaissons pas l'origine exacte de cette perturbation.

Hypothèses sur la perturbation

Une hypothèse plausible est de l'attribuer à la bande de différence $(\nu_2 + \nu_4 - \nu_6)$. À température ambiante, environ 45.6% des molécules ont un nombre vibrationnel $v_6 \geq 1$ ce qui permet de corroborer la possibilité de l'existence de cette bande de différence. Le sommet de cette bande a été observé sur un de nos spectres à la fréquence $909.84\,\mathrm{cm}^{-1}$. La somme des fréquences harmoniques calculée d'après [24, 25] est $(\nu_2) + (\nu_4) - (\nu_6) = 909.79\,\mathrm{cm}^{-1}$. La décomposition en une somme de tenseurs donne pour ce mode : $A_{1g} \oplus A_{2g} \oplus 2E_g \oplus 2T_{1g} \oplus 2T_{2g}$ La réminiscence de la transition ν_1 fortement polarisée peut également expliquer cette perturbation.

Extrapolation des spectres verticaux

Nous pensons que la dernière perturbation évoquée, quelle que soit son origine, est une bande correspondant aux molécules isolées, c'est à dire dont l'intensité est proportionnelle à la densité. En effet, cette perturbation se révèle beaucoup moins intense que la bande induite par collisions lorsque la densité augmente. Pour éliminer cette perturbation et remonter aux intensités intégrées en configuration verticale, nous utilisons une fonction exponentielle dont le coefficient d'extinction est fixé manuellement. Une exponentielle décroissante est ajustée par une méthode des moindres carrés pour pourvoir à l'intensité manquante. Nous espérons par ce biais reproduire de manière fiable l'intensité intégrée en configuration verticale. Néanmoins, cette méthode reste fondée sur un ajustement empirique sujet à l'erreur. Étant donné la nature très polarisée de la perturbation, et le caractère très dépolarisé de la bande ν_3, nous pensons que seul le moment isotrope sera concerné par une éventuelle erreur systématique. Nous verrons cependant que cette erreur peut être bien contrôlée si nous effectuons une vérification croisée en mesurant l'intensité intégrée binaire directement sur les spectres isotropes obtenus par le biais de l'équation 3.29. Les spectres ainsi extrapolés sont présentés, pour les plus basses densités, sur la figure 6.1b. L'ensemble des densités est représenté page 195.

6.2 Étude des spectres résolus en fréquence

L'objet de cette section est une discussion des caractéristiques observées sur les spectres binaires, lorsque ceux-ci sont résolus en fréquences. Nous commencerons par étudier le rapport de dépolarisation résolu en fréquence, puis nous étudierons les spectres normalisés par la densité élevée au carré. S'en suivra une discussion des caractéristiques observées sur les spectres isotropes et anisotropes.

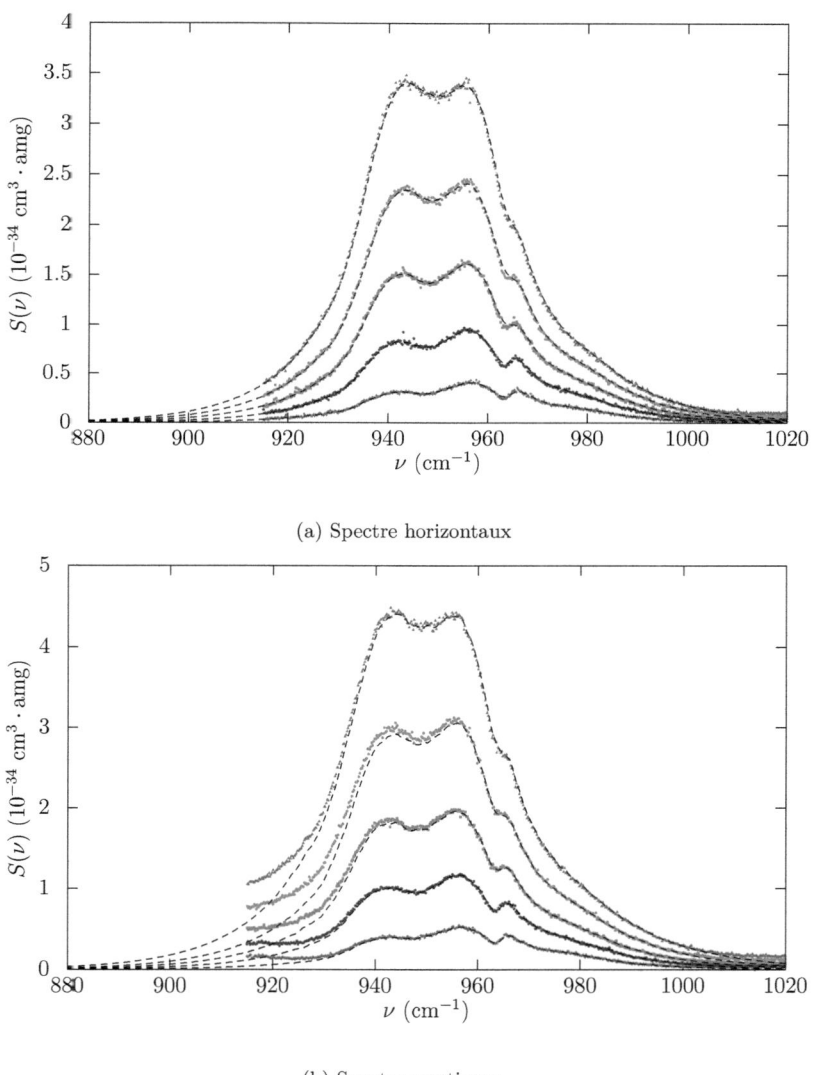

(a) Spectre horizontaux

(b) Spectres verticaux

FIG. 6.1 : Spectres extrapolés pour les densités respectives 3.05, 5.07, 7.11 et 9.13 amagats. La ligne noire représente le spectre extrapolé et lissé. Les points de couleur correspondent aux points expérimentaux.

6.2.1 Rapport de dépolarisation résolu en fréquence

Le rapport de dépolarisation résolu en fréquence est tracé pour trois densités représentatives sur la figure 6.2. Les trois rapports de dépolarisation représentés correspondent aux densités 3.05, 9.13 et 27.34 amagats. La première observation que l'on est en mesure de faire est qu'un bruit blanc contamine $\eta(\nu)$ aux plus basses densités. Ce bruit est réduit de manière drastique aux plus hautes densités. La seconde observation que l'on peut réaliser est que le rapport de dépolarisation résolu en fréquence culmine vers 0.78 sur un intervalle spectral s'étendant de 940 cm^{-1} à 957 cm^{-1} et que d'autre part, sur cette même fenêtre, la densité ne modifie pas du tout la forme de $\eta(\nu)$. À l'extérieur de cette zone spectrale, nous étudions les ailes de la bande ν_3. Nous pouvons observer que, sur les ailes, les trois rapports de dépolarisation résolus en fréquence se différencient significativement. À gauche, cet effet est très marqué. À droite, cette divergence est moins flagrante mais tout de même discernable.

À gauche, le rapport de dépolarisation chute d'autant plus brusquement que la densité est faible. Ceci est attribué à la perturbation fortement polarisée dont nous avons discuté dans la section précédente. La chute est moins marquée aux plus hautes densités, car cette perturbation, comme nous l'avons dit, est essentiellement linéaire en densité, tandis que la bande ν_3 induite par collisions voit son intensité augmenter quadratiquement avec la densité. Sur la zone spectrale concernée, l'intensité de la quantité $\dfrac{S_\parallel(\nu)}{S_\perp(\nu)}$ augmente donc linéairement avec la densité. Sur la droite du spectre, nous observons un phénomène inverse, à savoir que le rapport de dépolarisation décroît d'autant plus rapidement que la densité est élevée. Dans cette région spectrale, la transition ν_3 est prépondérante en intensité. Nous pouvons en conclure que ce phénomène de polarisation correspond aux ailes de la transition interdite ν_3. Un examen approfondi des spectres horizontaux et verticaux permet de s'assurer de la validité de cette observation.

6.2.2 Spectres normalisés par la densité au carré

Il est possible de mettre en évidence le spectre binaire en normalisant les spectres expérimentaux par la densité au carré. L'avantage de cette procédure est d'observer la contribution linéaire décroître en $1/\rho$ tandis que la contribution binaire reste identique (aux effets induits par la pression près). Cela permet d'obtenir dans la limite $\rho \to \infty$ un spectre qui peut être qualifié de purement binaire.

Aux densités les plus élevées que nous avons étudiées, la contribution binaire correspond à 90% de l'intensité totale. Dans ce cas, le spectre observé est une bonne approximation de la limite théorique $\rho \to \infty$ que nous venons d'évoquer. Sur la figure 6.3a, nous présentons, pour quelques densités représentatives, les spectres anisotropes normalisés par ρ^2. Cette figure permet de mettre en évidence le spectre linéaire s'amenuisant relativement au spectre total lorsque la densité augmente. Le spectre à plus haute densité représenté

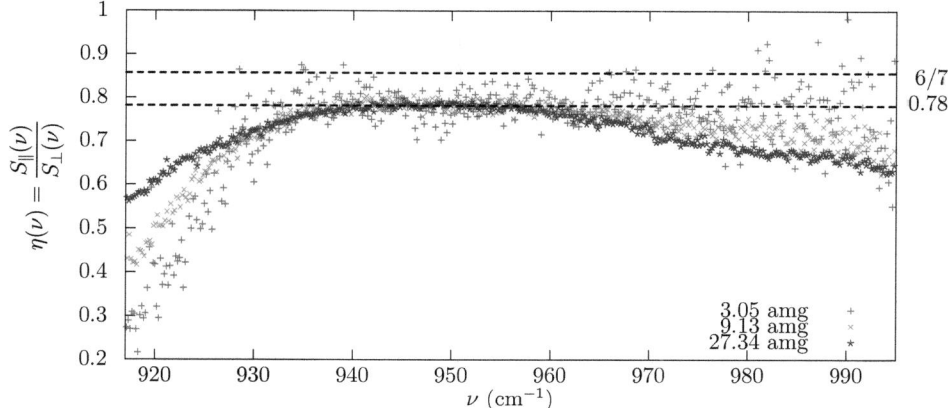

FIG. 6.2 : Rapport de dépolarisation résolu en fréquence pour trois densités différentes. À droite, on observe un phénomène de polarisation des ailes de la bande induite par les collisions. À gauche, $\eta(\nu)$ augmente avec la densité, témoignant de la diminution en intensité relative de la perturbation.

correspond à un bon degré d'approximation au spectre binaire.

Sur la figure 6.3b, nous présentons la contrepartie isotrope du spectre expérimental. Nous observons sur ce spectre qu'il subsiste une composante induite par les collisions. La perturbation à gauche décroît en $1/\rho$, comme c'est le cas pour toute perturbation linéaire. Au contraire de ce qui est observé sur les spectres anisotropes, une éventuelle contribution linéaire à l'endroit de la bande ν_3 est indétectable sur les spectres isotropes, hormis celle provenant des ailes de signaux parasites. La convergence des ailes du signal sur la figure 6.3b accrédite également l'observation du phénomène de polarisation des ailes de la bande ν_3. Une observation en échelle semi-logarithmique permet également de constater que la décroissance des ailes de la bande ν_3 est plus rapide sur les spectres anisotropes que sur les spectres isotropes.

6.2.3 Extraction du spectre binaire anisotrope

L'extraction du spectre binaire, isolé de la contribution linéaire, est un challenge technique. Pour que cette procédure se fasse de la meilleure manière possible, il faudrait que les spectres linéaires, ainsi que les spectres binaires, ne subissent aucune modification de forme avec la densité. Or ce n'est pas le cas en ce qui concerne les spectres linéaires. Pour résoudre ce problème, nous travaillons à partir de l'hypothèse selon laquelle le spectre total observé à haute densité ($\simeq 27\,\mathrm{amg}$) a la même forme, à un très bon degré d'approximation, que le spectre binaire que nous cherchons. Ce spectre étant induit par les

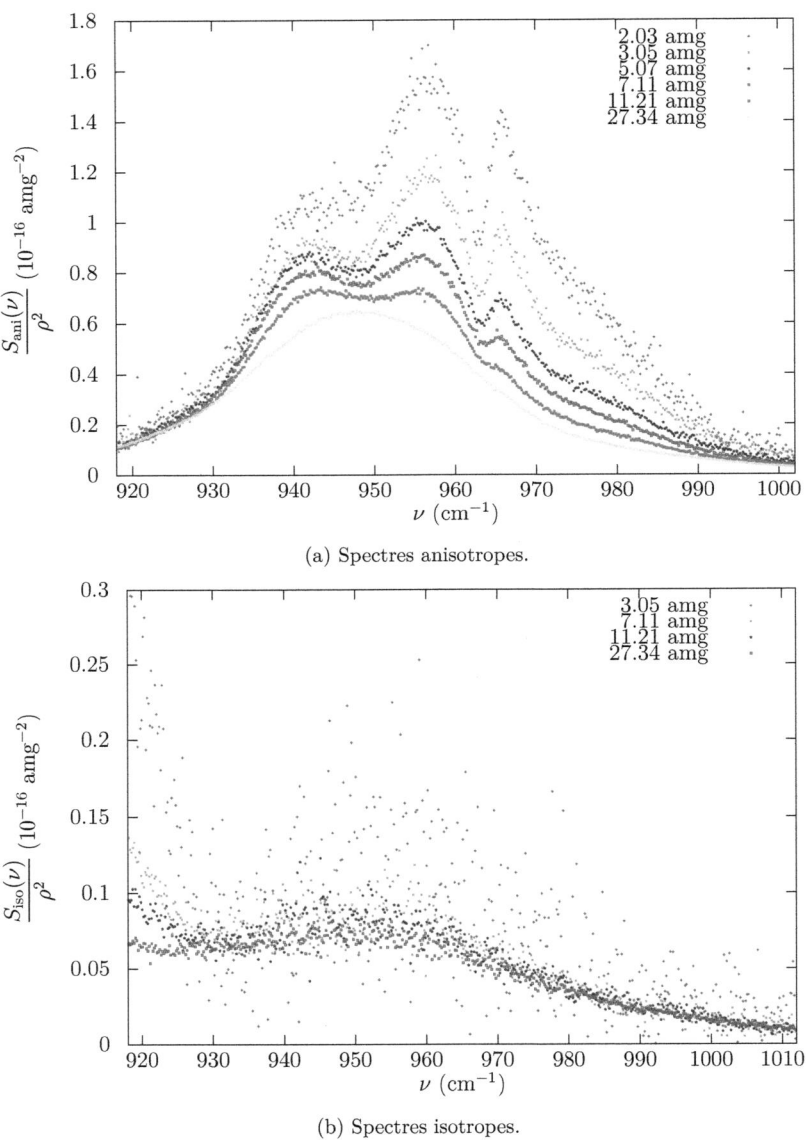

(a) Spectres anisotropes.

(b) Spectres isotropes.

FIG. 6.3 : Spectres anisotropes et isotropes normalisés par la densité au carré. Le spectre linéaire est prépondérant aux basses densités, puis sa contribution tend vers zéro lorsque la densité augmente.

M_0 (cm^9)	M_2 (cm$^9 \cdot$ s^{-2})	$\tilde{M}_{1/2} = \dfrac{1}{2\pi c}\sqrt{\dfrac{M_2}{M_0}}$ (cm^{-1})	$\Gamma_{1/2}$ (cm^{-1})
30.23×10^{-74}	4.43×10^{-48}	20.32	14.58

TAB. 6.1 : Moment d'ordre zéro, moment d'ordre deux, écart-type et largeur à $1/\sqrt{e}$ du maximum de la bande ν_3 anisotrope induite par les collisions. Les moments reportés sont donnés à titre indicatif. L'obtention du moment d'ordre zéro est détaillée dans le paragraphe 6.3.2.

collisions, il est raisonnable de penser qu'il est peu modifié lorsque la densité augmente. Partant de cette hypothèse, nous réalisons un ajustement non-linéaire du spectre correspondant à la densité $\rho = 27.34\,$amg (spectre jaune sur la figure 6.3a) par une somme de gaussiennes. Cet ajustement ne peut cependant correspondre au spectre binaire directement, car l'intensité totale sera surévaluée à cause de la faible contribution linéaire. Pour prendre en compte la contribution linéaire, nous multiplions la courbe ajustée par un facteur d'échelle qui fait correspondre l'intensité intégrée de cette dernière avec la section efficace binaire anisotrope. Nous traçons sur la figure 6.4 le spectre binaire superposé au spectre linéaire, pour différentes densités représentatives.

Largeur expérimentale du spectre anisotrope

De la nature même de la procédure utilisée pour obtenir le spectre binaire, il n'est pas possible d'étudier l'élargissement en densité. D'autre part, nous pouvons supputer que le spectre induit par les collisions est faiblement modifié par la densité. En effet, nous savons que les modifications en densité d'un spectre dû aux molécules isolées sont essentiellement liées aux collisions binaires dans le milieu. Or ces mêmes collisions sont également celles qui donnent lieu à l'existence du spectre induit par collision. Nous pouvons cependant mesurer sa largeur à $\dfrac{1}{\sqrt{e}}$ du sommet et son moment d'ordre deux d'après la forme du spectre observé à 27.34 amg. Le moment d'ordre zéro est déduit des études intensité intégrée. Ces quantités sont regroupées dans le tableau 6.1. La demi-largeur à $\dfrac{1}{\sqrt{e}}$ du sommet est plus faible que le moment d'ordre deux réduit. En effet, la décroissance des ailes du spectre binaire anisotrope est plus lente que celle d'un modèle gaussien. Au contraire, le profil du centre de la bande est très proche d'une courbe gaussienne. Comme le profil utilisé pour calculer le moment d'ordre deux est issu d'une extrapolation des ailes, il faut néanmoins considérer cette valeur avec précaution.

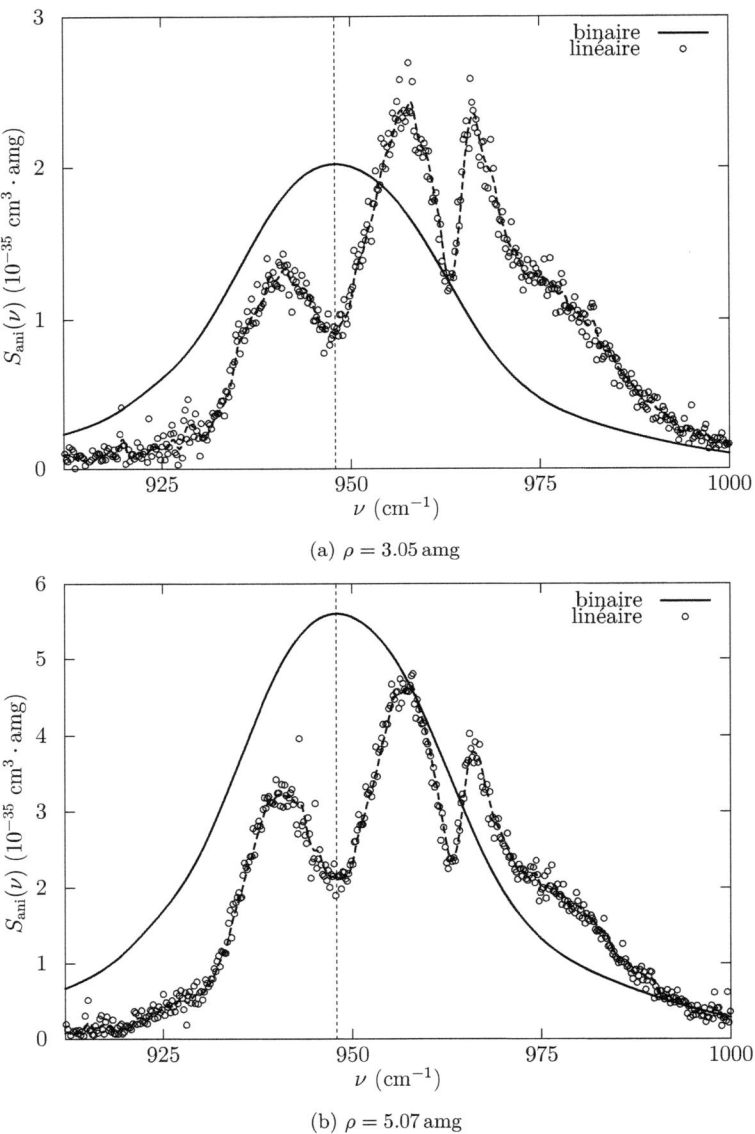

(a) $\rho = 3.05\,\mathrm{amg}$

(b) $\rho = 5.07\,\mathrm{amg}$

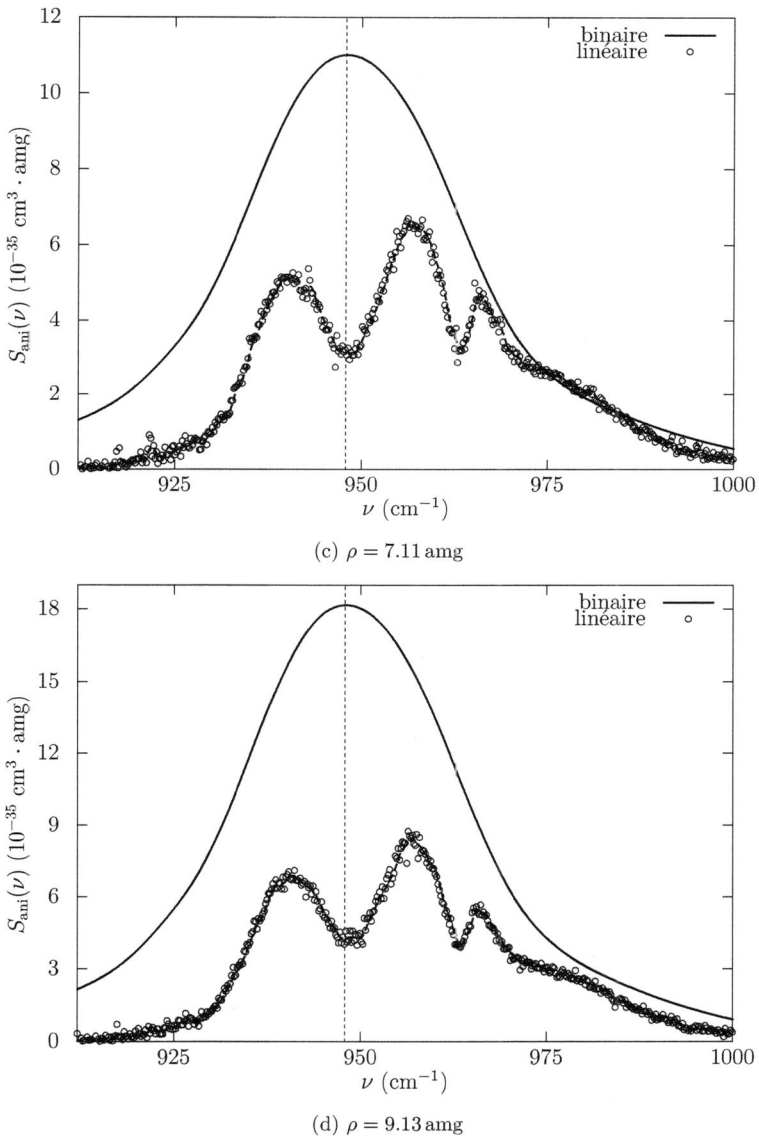

FIG. 6.4 : Spectres anisotropes linéaires obtenus par soustraction du spectre induit. Une ligne verticale est centrée sur la fréquence $947.9\,\mathrm{cm}^{-1}$ correspondant au sommet du spectre binaire. La courbe discontinue est associée au lissage du spectre « linéaire ».

6.2.4 Spectre isotrope

L'observation de la figure 6.3b permet de constater que le spectre isotrope est exempt d'une composante linéaire observable à l'endroit de la bande ν_3. Les seules contributions linéaires notables sur les spectres isotropes sont celles des perturbations évoquées au début de ce chapitre. C'est pourquoi nous ne cherchons pas, comme pour les spectres anisotropes, à isoler le spectre binaire. La perturbation à gauche rend très difficile l'isolement du spectre binaire, puisque ces deux bandes ne sont pas résolues spectralement. Une possibilité de pallier ce problème serait l'utilisation d'une procédure de régression résolue en fréquence. Cependant cette méthode ne se révèle pas efficace à cause du fort niveau de bruit observé sur les spectres isotropes. Une autre possibilité est d'ajuster le spectre observé par une somme de gaussiennes. Cependant, nous manquons de données pour réaliser cette opération de manière fiable, le spectre isotrope étant plus large que sa contrepartie anisotrope. En définitive, l'obtention du spectre isotrope induit par les collisions s'avère difficile. Une valeur du moment d'ordre zéro sera fournie néanmoins dans la suite du texte.

6.3 Intensités intégrées de la bande

Dans les chapitres précédents, nous avions étudié les intensités intégrées directement sur les spectres isotropes et anisotropes, ces derniers étant obtenus par les combinaisons linéaires données aux équations 3.28 et 3.29. Cette approche est tout autant juste que de calculer les moments isotropes et anisotropes d'après les sections efficaces verticales et horizontales, en raison de la propriété de linéarité de l'intégration. Dans la présente étude, nous étudierons tout d'abord les sections efficaces verticales et horizontales, puis nous nous intéresserons aux résultats obtenus directement sur les spectres isotropes et anisotropes. Nous espérons ainsi vérifier la pertinence des extrapolations décrites plus haut. Cela est également un moyen de vérification et assure une plus grande robustesse dans l'obtention des moments spectraux.

6.3.1 Sections efficaces verticale et horizontale

La procédure utilisée est détaillée au chapitre 3, paragraphe 3.3.3. Le principe consiste à intégrer en premier lieu les spectres expérimentaux extrapolés. Ces intensités intégrées seront les données fondamentales utilisées pour obtenir les sections efficaces binaires. Puis ces intensités mesurées sont divisées par la densité correspondante, et les points obtenus sont ensuite utilisés pour extraire les sections efficaces binaires. La contribution binaire (induite par les collisions) est obtenue par l'intermédiaire des coefficients de cette droite

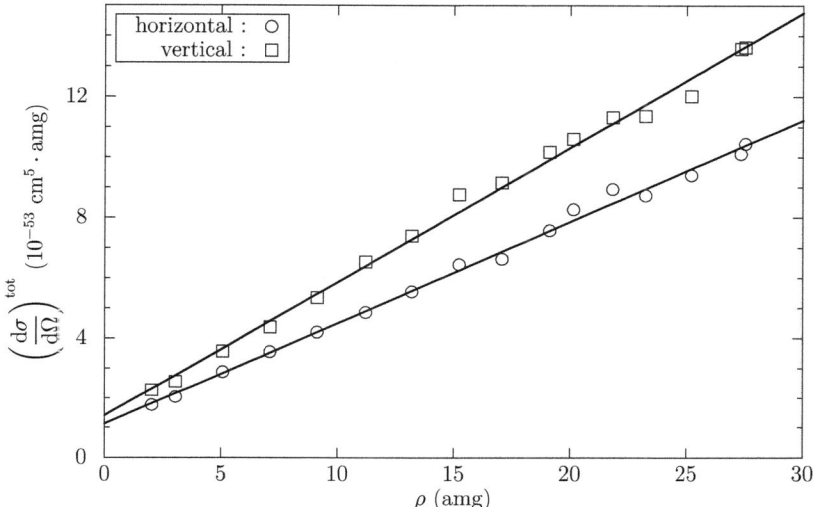

FIG. 6.5 : Régression linéaire de l'intensité intégrée divisée par la densité.

de régression. La section efficace totale, normalisée par la densité est notée :

$$\left(\frac{d\sigma}{d\Omega}\right)^{(tot)}_{(\perp,\parallel)} = \left(\frac{d\sigma}{d\Omega}\right)^{(lin)}_{(\perp,\parallel)} + \frac{\rho}{2}\left(\frac{d\sigma}{d\Omega}\right)^{(bin)}_{(\perp,\parallel)} \tag{6.1}$$

Cette section efficace est exprimée en cm^2, les indices ($\perp$, $\parallel$) correspondant respectivement à la configuration verticale ou horizontale. La figure 6.5 montre l'évolution de la section efficace totale avec la densité. Les droites accompagnant les données sont le résultat des régressions linéaires appliquées aux données expérimentales.

Le coefficient $\frac{\rho}{2}$ dans l'équation 6.1 vient du dénombrement des dimères dans l'échantillon. Chaque molécule du gaz est susceptible de se coupler avec toutes les autres molécules disponibles soit $N(N-1) \simeq N^2$ dimères possibles. De cette manière cependant, chaque paire est comptée deux fois ($A_i - A_j$ est compté de la même manière que $A_j - A_i$). Ainsi, la pente des droites de régression de la figure 6.5 doit être multipliée par deux pour correspondre aux intensités des expressions 3.16 et 3.17 après intégration. Ces sections efficaces binaires sont reportées dans le tableau 6.2, et comparées avec les sections efficaces obtenues dans la publication de Holzer et Ouillon. L'obtention de ces dernières est détaillée dans l'annexe C.2.

	Géométrie	$\perp$	$\parallel$
$\left(\dfrac{\mathrm{d}\sigma}{\mathrm{d}\Omega}\right)^{\mathrm{bin}}$	Ce travail	$8.9(6) \times 10^{-54}\,\mathrm{cm}^5$	$6.7(4) \times 10^{-54}\,\mathrm{cm}^5$
	Holzer et Ouillon [8, 26]	$6.34 \times 10^{-54}\,\mathrm{cm}^5$	–
	Holzer et Ouillon [8, 27]	$9.44 \times 10^{-54}\,\mathrm{cm}^5$	–
$\dfrac{1}{k_0 k_s^3}\left(\dfrac{\mathrm{d}\sigma}{\mathrm{d}\Omega}\right)^{\mathrm{bin}}$	Ce travail	$5.3(4) \times 10^{-74}\,\mathrm{cm}^9$	$4.0(3) \times 10^{-74}\,\mathrm{cm}^9$
	Holzer et Ouillon [8, 26]	$3.31 \times 10^{-74}\,\mathrm{cm}^9$	–
	Holzer et Ouillon [8, 27]	$4.93 \times 10^{-74}\,\mathrm{cm}^9$	–

TAB. 6.2 : Sections efficaces verticale ($\perp$) et horizontale ($\parallel$) comparées avec les valeurs existantes dans la littérature. L'incertitude, quand elle est donnée, correspond à la somme quadratique de l'incertitude systématique de 6% liée à la procédure de calibration et de l'incertitude statistique.

	$\eta = \dfrac{2\rho_s}{1+\rho_s}$	$\rho_s = \dfrac{\eta}{2-\eta}$
Ce travail	$0.778^{(*)}$	$0.637^{(\dagger)}$
Holzer et Ouillon [8]	$0.788^{(\dagger)}$	$0.65^{(*)}$

TAB. 6.3 : Comparaison des rapports de dépolarisation entre les deux expériences (Holzer et Ouillon et ce travail). ($*$) : grandeur mesurée ; ($\dagger$) grandeur calculée.

6.3.2 Calculs des moments spectraux

Moments isotropes

Le calcul des moments spectraux peut être établi, dans le contexte de notre expérience, de deux manières différentes. La première consiste à combiner sections efficaces verticales et horizontales, normalisées par le coefficient $\dfrac{1}{k_0 k_s^3}$. Cette méthode repose sur les intensités obtenues à partir des spectres extrapolés. Nous obtenons ainsi la valeur suivante :

$$\boxed{M_0^{\text{bin,iso}} = 65(15) \times 10^{-76}\,\text{cm}^9} \tag{6.2}$$

Pour vérifier la pertinence du résultat précédent, nous avons calculé l'intensité intégrée directement sur les spectres isotropes (dont un échantillon est présenté sur la figure 6.3b). Dans ce cas, les perturbations linéaires contribuent uniquement à l'ordonnée à l'origine de la droite de régression. La difficulté de cette méthode tient au manque de données expérimentales à gauche du centre de la bande. Nous obtenons par ce biais la valeur suivante :

$$M_0^{\text{bin,iso}} = 60(8) \times 10^{-76}\,\text{cm}^9 \tag{6.3}$$

Les deux mesures (équations 6.2 et 6.3) sont compatibles entre elles, ce qui accrédite la validité de notre procédure d'extrapolation des ailes sur le spectre vertical. Enfin, une intégration sur la moitié de la bande, sur l'intervalle [950 :1010] cm^{-1} et une multiplication par un facteur deux du moment donne un résultat également compatible avec le résultat de l'équation 6.2, confortant à nouveau la validité des extrapolations en terme d'intensité intégrée. C'est la valeur donnée à l'équation 6.2 qui est retenue. La dispersion expérimentale est cependant élevée, du fait de la faible intensité du signal isotrope induit par les collisions.

Moments anisotropes

Le moment d'ordre zéro anisotrope est calculé directement d'après les spectres anisotropes. Ces spectres sont fiables et précis. La raison première en est que la perturbation observée sur les spectres verticaux n'aura qu'un impact très limité sur l'obtention du spectre anisotrope. D'autre part la bonne stabilité du montage expérimental, mais également le fait que la bande ν_3 est essentiellement dépolarisée, rendent le rapport signal sur bruit très élevé. L'intensité intégrée du spectre anisotrope résolu en fréquence est tracée sur la figure 6.6. Le moment d'ordre zéro associé est :

$$\boxed{M_0^{\text{bin,ani}} = 302(19) \times 10^{-75}\,\text{cm}^9} \tag{6.4}$$

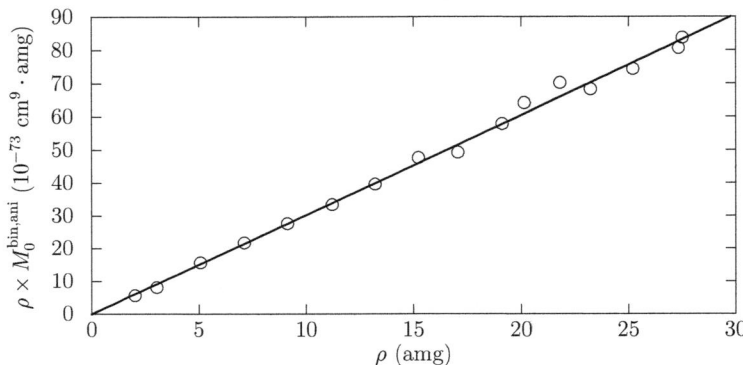

FIG. 6.6 : Produit du moment d'ordre zéro des spectres binaires anisotropes expérimentaux, multiplié par la densité. La droite de régression est également représentée.

Conclusion et perspectives

Cette étude de la bande ν_3 fût riche en enseignements. Tout d'abord, une avancée essentielle est la séparation du spectre induit par collisions de la composante linéaire. L'analyse théorique par Samson et Ben-Reuven (référence [23]) butte sur la difficulté de savoir si la composante linéaire doit être incluse dans l'intensité totale. Leur calcul est en fait exhaustif, et prend en compte les mécanismes de polarisabilité à tous les ordres en même temps que les interactions entre particules. Cependant, une telle démarche attribue l'intensité observée au mode de vibration ν_3 en totalité, tandis qu'aucune information sur le spectre linéaire résolu en fréquence n'existait à l'époque. La présente étude permet d'isoler le fond linéaire de la contribution quadratique et d'étudier séparément ces deux composantes. Le prochain chapitre sera consacré à l'étude de la composante linéaire, sous-jacente à la bande induite par les collisions. Les opérations réalisées et décrites dans ce chapitre posent les bases de l'étude de ce spectre linéaire.

Bibliographie

[1] C. Brodbeck, J. Rossi, H. Strapelias, and J.-P. Bouanich. Infrared spectral absorption intensities in the 3 and 4 regions of SF_6. *Chemical Physics*, 54(1) :1 – 7, 1980.

[2] P.L. Houston and J.I. Steinfeld. Low-temperature absorption contour of the ν_3 band of SF_6. *Journal of Molecular Spectroscopy*, 54(2) :335 – 337, 1975.

[3] S. Marchetti and R. Simili. The ν_3 SF_6 band intensity derived from the refractive index measurement performed off-side the absorption band. *Infrared Physics and Technology*, 51(3) :246 – 248, 2008.

[4] D P Hodgkinson, A J Taylor, and A G Robiette. Multiphoton excitation of vibration-rotation states in the ν_3 mode of SF_6. *Journal of Physics B : Atomic and Molecular Physics*, 14(11) :1803, 1981.

[5] Working Group I. Climate change 2007 : The physical science basis. Technical report, Intergovernmental Panel on Climate Change (IPCC), 2007.

[6] D.P. Hodgkinson and A.J. Taylor. Hot-band multiphoton absorption in SF_6. *Molecular Physics*, 52(5) :1017–1027, 1984.

[7] Craig C. Jensen, Willis B. Person, Burton J. Krohn, and John Overend. Anharmonic splittings and vibrational energy levels of octahedral molecules : Application to the $n\nu_3$ manifolds of $32SF_6$. *Optics Communications*, 20(2) :275 – 279, 1977.

[8] W. Holzer and R. Ouillon. Forbidden Raman bands of SF_6 : collision induced Raman scattering. *Chemical Physics Letters*, 24(4) :589 – 593, 1974.

[9] M. F. Crawford, H. L. Welsh, and J. L. Locke. Infra-red absorption of oxygen and nitrogen induced by intermolecular forces. *Phys. Rev.*, 75 :1607–1607, 1949.

[10] Z. J. Kiss and H. L. Welsh. Pressure-induced infrared absorption of mixtures of rare gases. *Phys. Rev. Lett.*, 2 :166–168, 1959.

[11] Howard B. Levine and George Birnbaum. Classical theory of collision-induced absorption in rare-gas mixtures. *Phys. Rev.*, 154 :86–92, 1967.

[12] N. Meinander. An isotropic intermolecular potential for sulfur hexafluoride based on the collision-induced light scattering spectrum, viscosity, and virial coefficient data. *The Journal of Chemical Physics*, 99(11) :8654–8667, 1993.

[13] M. O. Bulanin, A. P. Burtsev, Yu. M. Ladvishchenko, and K. Kerl. Collision-induced vibrational polarizability and mixed second refractivity virial coefficients B ab R : an experimental study of the SF_6—rare gas mixtures. *Molecular Physics*, 97(12) : 1233–1242, 1999.

[14] J.-L. Godet, F. Rachet, Y. Le Duff, K. Nowicka, and T. Bancewicz. Isotropic collision induced light scattering spectra from gaseous SF_6. *The Journal of Chemical Physics*, 116(13) :5337–5340, 2002.

[15] K. Nowicka, T. Bancewicz, J.-L. Godet, Y. Le Duff, and F. Rachet. Polarization components of rototranslational light scattering spectra from gaseous sf6. *Molecular Physics*, 101(3) :389–396, 2003.

[16] M.S.A. El-Kader and T. Bancewicz. Dipole–octopole polarizability of sulfur hexafluoride from isotropic and anisotropic light scattering experiments. *Chemical Physics Letters*, 571(0) :16 – 22, 2013.

[17] A. Senchuk and G. C. Tabisz. Second-order collision-induced light scattering : a spherical tensor approach. *Journal of Raman Spectroscopy*, 42(5) :1049–1054, 2011.

[18] A. P. Kouzov, M. Chrysos, F. Rachet, and N. I. Egorova. Collision-induced spectroscopy with long-range intermolecular interactions : A diagrammatic representation and the invariant form of the induced properties. *Phys. Rev. A*, 74 :012723, 2006.

[19] J.-L. Godet, A. Elliasmine, Y. Le Duff, and T. Bancewicz. Isotropic collision-induced scattering by CF_4 in a raman vibrational band. *The Journal of Chemical Physics*, 110(23) :11303–11308, 1999.

[20] Y. Le Duff, J.-L. Godet, T. Bancewicz, and K. Nowicka. Isotropic and anisotropic collision-induced light scattering by gaseous sulfur hexafluoride at the frequency region of the ν_1 vibrational Raman line. *The Journal of Chemical Physics*, 118(24) : 11009–11016, 2003.

[21] René Samson, Rubén A. Pasmanter, and Abraham Ben-Reuven. Molecular theory of optical polarization and light scattering in dielectric fluids. i. formal theory. *Phys. Rev. A*, 14 :1224–1237, 1976.

[22] Rubén A. Pasmanter, René Samson, and Abraham Ben-Reuven. Molecular theory of optical polarization and light scattering in dielectric fluids. ii. extensions and applications. *Phys. Rev. A*, 14 :1238–1250, 1976.

[23] R. Samson and A. Ben-Reuven. Theory of collision-induced forbidden Raman transitions in gases. application to SF_6. *The Journal of Chemical Physics*, 65(9) :3586–3594, 1976.

[24] V. Boudon, M. Hepp, M. Herman, I. Pak, and G. Pierre. High-Resolution Jet-Cooled Spectroscopy of SF_6 : The $\nu_2 + \nu_6$ Combination Band of $^{32}SF_6$ and the ν_3 Band of the Rare Isotopomers . *Journal of Molecular Spectroscopy*, 192(2) :359 – 367, 1998.

[25] V. Boudon, G. Pierre, and H. Bürger. High-resolution spectroscopy and analysis of the ν_4 bending region of SF_6 near $615\,cm^{-1}$. *Journal of Molecular Spectroscopy*, 205(2) :304 – 311, 2001.

[26] Wayne R. Fenner, Howard A. Hyatt, John M. Kellam, and S. P. S. Porto. Raman cross section of some simple gases. *J. Opt. Soc. Am.*, 63(1) :73–77, 1973.

[27] Boris S. Galabov and Todor Dudev. Chapter 8 intensities in Raman spectroscopy. In *Vibrational Intensities*, volume 22 of *Vibrational Spectra and Structure*, pages 189 – 214. Elsevier, 1996.

Chapitre 7

Bandes ν_3 et $\nu_4 + \nu_6$ du SF_6

Sommaire

Introduction		**153**
	Revue de la littérature	153
7.1	**Intensités intégrées**	**154**
7.2	**Spectres résolus en fréquence**	**156**
	7.2.1 Observations préliminaires	156
	7.2.2 Hypothèses	156
	7.2.3 Proposition d'un ajustement pour la bande $\nu_4 + \nu_6$	158
	7.2.4 Proposition d'un ajustement pour le doublet	159
7.3	**Dépouillement des ajustements non-linéaires**	**159**
	7.3.1 Intensités respectives des deux bandes	159
	7.3.2 Caractéristiques des bandes ν_3 et $\nu_4 + \nu_6$	162
	7.3.3 Branches du doublet	165
7.4	**Dépouillement final**	**167**
	7.4.1 Intensité de la bande $\nu_4 + \nu_6$	167
	7.4.2 Intensité du doublet	168
Conclusion		**168**

Introduction

Revue de la littérature

Le chapitre 6 était essentiellement consacré à la bande de transition ν_3 induite par les collisions. À cette bande de transition attribuée aux dimères $(SF_6)_2$ est superposée une contribution linéaire, dont l'observation est rapportée par Holzer et Ouillon dans leur article précurseur [1]. Cette contribution a également été mise en évidence dans ce travail. Cependant, des doutes sérieux subsistent dans la littérature quant à l'origine de cette bande [1, 2]. Plusieurs hypothèses sont susceptibles d'apporter une explication à l'existence d'un fond linéaire.

La première est celle d'une transition Raman standard dipôle-dipôle, qui soit une combinaison de plusieurs modes de vibration dont la symétrie autorise la diffusion en vertu des règles de sélection habituelles.

Une seconde hypothèse est celle d'un mécanisme de diffusion à un ordre plus élevé (type E1-M1 ou E1-E2) ; elle a été étudiée par Samson et Ben-Reuven [2]. Ces auteurs ont cependant négligé l'hypothèse d'une transition Raman « standard » (type E1-E1) qui n'a été qu'évoquée dans leur étude.

L'observation récente d'une activité infrarouge du mode fondamental ν_6, interdite pour les règles de sélection usuelle, a été expliquée par l'existence de couplages anharmoniques de ce mode avec les modes ν_4 et ν_3 [3]. Cette démonstration constitue donc une troisième hypothèse pour expliquer l'observation du mode ν_3 en spectroscopie Raman.

Enfin, Holzer et Ouillon ont également suggéré que cette intensité linéairement dépendante en densité puisse être due aux ailes de bandes de transition avoisinantes, mais non localisées sous la bande induite par les collisions, correspondant au mode ν_3 de la molécule SF_6. Dans ce chapitre, nous montrons que cette dernière hypothèse n'est pas viable au regard des données que nous avons obtenues.

Ce chapitre constitue une exploitation des données expérimentales acquises durant la thèse, mais aucune réponse définitive n'est apportée sur la source du spectre linéaire. Néanmoins, le travail qui est présenté ici est subjectivement orienté vers l'attribution du spectre linéaire aux modes ν_3 et $\nu_4 + \nu_6$ de la molécule.

Protocole expérimental

Le protocole expérimental suivi pour enregistrer les spectres est rigoureusement identique à celui qui a été décrit dans le chapitre précédent. En effet, l'étude se base ici sur les mêmes données expérimentales que celles du chapitre 6. Le dépouillement de ces données a été exposé en détail dans la section 6.1. En conséquence, nous serons volontairement succincts sur ce sujet dans la suite du texte.

7.1 Intensités intégrées

Sections efficaces

La méthode d'obtention des sections efficaces linéaires est détaillée dans la section 3.3.3. La procédure se résume à soustraire des intensités expérimentales (intensité totale) l'intensité attribuée à la bande induite par les collisions, puis à faire une régression linéaire sur les intensités ainsi obtenues. Les intensités obtenues à la suite de l'application de cette procédure sont présentées sur la figure 7.1. Les points ainsi obtenus, à basse densité, montrent une corrélation linéaire très forte avec la densité. À plus haute densité, on observe que la dispersion des mesures augmente de manière importante. Les données expérimentales à des densités supérieures à 13.2 amg sont donc exclues du calcul des sections efficaces. Les sections efficaces finalement obtenues sont reportées dans le tableau 7.1 et comparées avec les données déduites de l'article de Holzer et Ouillon par le biais de la procédure décrite dans l'annexe C.2.

Moment d'ordre zéro

Le moment d'ordre zéro anisotrope est déduit des sections efficaces données dans le tableau 7.1. La formule utilisée, rappelée ci-dessous, est basée sur les équations 3.28 et 3.35.

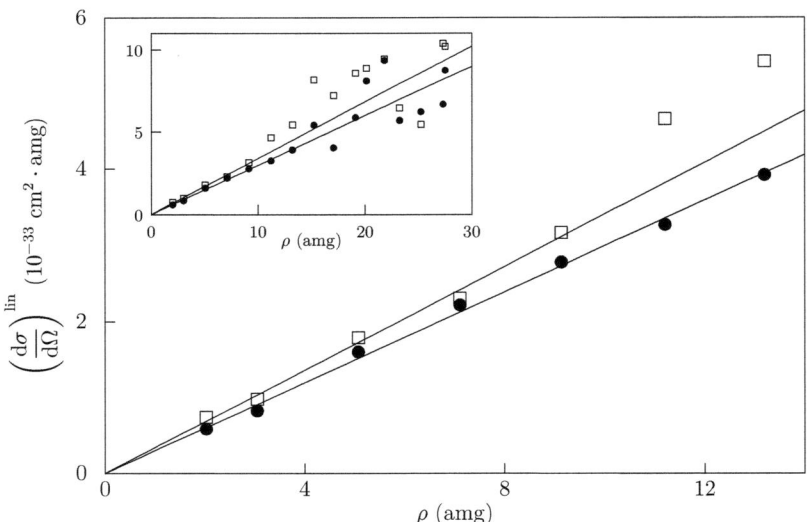

FIG. 7.1 : Intensités intégrées en configuration horizontale (cercles) et verticale (carrés). L'encart correspond à l'ensemble des mêmes données expérimentales étendu à toutes les densités sondées.

		horizontal ($\parallel$)	vertical ($\perp$)
$\left(\dfrac{d\sigma}{d\Omega}\right)^{\text{lin}}$	Holzer et Ouillon [1, 4]	–	$2.92 \times 10^{-34}\,\text{cm}^2$
	Holzer et Ouillon [1, 5]	–	$4.35 \times 10^{-34}\,\text{cm}^2$
	Notre travail	$2.99(19) \times 10^{-34}\,\text{cm}^2$	$3.40(22) \times 10^{-34}\,\text{cm}^2$
$\dfrac{1}{k_0 k_s^3}\left(\dfrac{d\sigma}{d\Omega}\right)^{\text{lin}}$	Holzer et Ouillon [1, 4]	–	$1.52 \times 10^{-54}\,\text{cm}^6$
	Holzer et Ouillon [1, 5]	–	$2.27 \times 10^{-54}\,\text{cm}^6$
	Notre travail	$1.79(14) \times 10^{-54}\,\text{cm}^6$	$2.04(15) \times 10^{-54}\,\text{cm}^6$

TAB. 7.1 : Sections efficaces en configuration horizontale et verticale, comparées avec les valeurs de Holzer et Ouillon.

Le résultat ainsi obtenu est :

$$M_0^{\text{ani}} = \frac{15}{2}\frac{1}{k_0 k_s^3}\left(1.01\left(\frac{d\sigma}{d\Omega}\right)^{\text{lin}}_{\parallel} - 0.01009\left(\frac{d\sigma}{d\Omega}\right)^{\text{lin}}_{\perp}\right)$$
$$M_0^{\text{ani}} = 13.4(8) \times 10^{-54}\,\text{cm}^6 \tag{7.1}$$

L'incertitude donnée correspond à la somme quadratique des incertitudes statistiques des sections efficaces.

Le moment d'ordre zéro isotrope est inexploitable, ainsi la bande linéaire observée peut être considérée comme totalement dépolarisée. Ceci est attesté par le rapport de dépolarisation déduit des sections efficaces :

$$\eta_{\text{int}} = 0.879(26) \tag{7.2}$$

Ce rapport de dépolarisation est supérieur à $\dfrac{6}{7}$ ($= 0.857$) mais l'incertitude calculée le rend compatible avec cette valeur maximale. Nous sommes donc en présence d'une bande de transition totalement dépolarisée.

Spectres anisotropes : intensités intégrées

Comme nous avons montré que le spectre isotrope est quasiment inexistant du point de vue expérimental, le spectre horizontal équivaut au spectre dépolarisé. Néanmoins, nous avons extrait les spectres anisotropes par combinaison linéaire des spectres verticaux et horizontaux (équation 3.28) n'ayant subi aucune extrapolation. La composante binaire est éliminée en vertu de la procédure décrite au paragraphe 3.4 et rappelée dans la section 6.2.3. Les spectres linéaires anisotropes sont donc intégrés sur le domaine de définition, et l'intensité obtenue fait l'objet d'une régression linéaire.

La section efficace ainsi obtenue est :

$$\left(\frac{d\sigma}{d\Omega}\right)^{\text{lin}}_{\text{ani}} = 2.95(4) \times 10^{-34}\,\text{cm}^2 \tag{7.3}$$

Tandis que le coefficient numérique obtenu par combinaison des sections efficaces verticales et horizontales est :

$$\left(\frac{d\sigma}{d\Omega}\right)^{\text{lin}}_{\text{ani}} = 1.01 \left(\frac{d\sigma}{d\Omega}\right)^{\text{lin}}_{\parallel} - 0.01009 \left(\frac{d\sigma}{d\Omega}\right)^{\text{lin}}_{\perp}$$
$$\left(\frac{d\sigma}{d\Omega}\right)^{\text{lin}}_{\text{ani}} = 2.98(4) \times 10^{-34}\,\text{cm}^2 \tag{7.4}$$

Ce résultat permet de constater que les extrapolations décrites au chapitre 6, sur lequel est basé le calcul des sections efficaces horizontales et verticales, donnent un résultat similaire en intensité intégrée à la procédure d'obtention du spectre linéaire développée au paragraphe 6.2.3. Dans la suite du texte, nous ne travaillerons que sur les spectres anisotropes résolus en fréquence.

7.2 Spectres résolu en fréquence

7.2.1 Observations préliminaires

Sur la figure 7.2, nous présentons les spectres linéaires anisotropes, pour trois densités représentatives, avec une aire normalisée à un pour permettre une comparaison significative. Cette figure montre que le spectre est composé de trois pics assez bien résolus. On peut également observer une redistribution d'intensité assez prononcée. Dans la suite du texte, nous émettrons les hypothèses d'attribution de ces différentes branches.

7.2.2 Hypothèses

Bande de transition $\nu_4 + \nu_6$

La bande de transition $\nu_4 + \nu_6$ est une source potentielle d'intensité dans le spectre linéaire anisotrope. La somme des fréquences des modes fondamentaux impliqués dans cette transition est $(\nu_4) + (\nu_6) = 962.72\,\text{cm}^{-1}$ [3]. La symétrie de ce mode de vibration est donnée par le produit des deux représentations :

$$\{T_{1u}(\nu_4)\} \otimes \{T_{2u}(\nu_6)\} = A_{2g} \oplus E_g \oplus T_{1g} \oplus T_{2g} \tag{7.5}$$

Si levée de dégénérescence il y a, nous pouvons prévoir intuitivement que cette bande est double. L'examen des espèces de symétrie qui composent ce mode de vibration révèle que seules deux composantes de ce tenseur sont actives en spectroscopie Raman conventionnelle. Il s'agit des espèces E_g et T_{2g}. L'espèce T_{1g} participe à la composante antisymétrique du tenseur de polarisabilité, qui ne se manifeste qu'en cas de spectroscopie Raman de résonance. Il en est de même pour la composante de symétrie A_{2g} [6, 7].

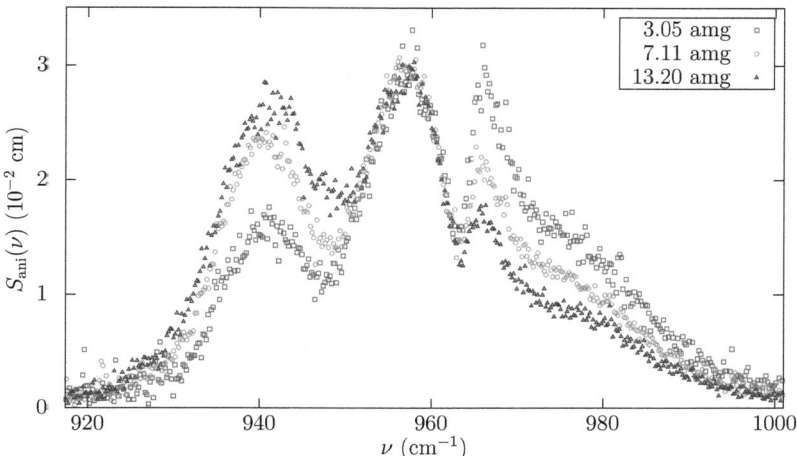

FIG. 7.2 : Spectres linéaires dont l'aire est normalisée à un. Les densités représentées sont 3.05, 7.11 et 13.20 amg.

Concernant la position réelle de cette bande, on peut supposer qu'elle sera proche de la somme des deux fréquences harmoniques. En effet, les premières harmoniques et les bandes de combinaison impliquant des modes de pliage ont souvent des décalages anharmoniques très faibles, voire dans certains cas positifs [8, 9]. Or les modes ν_4 et ν_6 sont tous deux des modes de pliage. Le pic de droite est ainsi attribué à la transition Raman standard $\nu_4 + \nu_6$. Sa position approximative sur les spectres est $m(\nu_4 + \nu_6) = 966\,\text{cm}^{-1}$.

Bande ν_3 induite par les molécules isolées

La bande ν_3 est normalement interdite en spectroscopie Raman. Cependant, ces règles de sélection ne concernent que les transition $E1 - E1$, soit un processus dipôle-dipôle. Or, une théorie investiguant les mécanismes de polarisabilité à des ordres supérieurs prévoit l'existence de transitions Raman qui n'obéissent pas aux règles de sélection usuelles [10]. En particulier, les polarisabilités de type E1-M1 sont réputées actives seulement pour un mode de vibration anti-symétrique [2] pour lequel une transition E1-E1 est bien sûr interdite. L'observation du doublet, dont le minimum est centré sur la fréquence 949 cm^{-1} est donc susceptible d'être expliquée par une telle théorie. Cependant, nous n'avons pas connaissance d'une étude théorique qui prédise l'allure d'un tel doublet. En l'absence d'une autre hypothèse, ce doublet sera néanmoins associé au mode nomal ν_3 de la molécule SF$_6$. Bien que cette hypothèse ne puisse être confirmée avec certitude, cela nous offre au moins la commodité de pouvoir nommer cette bande.

Remarques sur l'attribution des bandes observées sur le spectre linéaire

Le mélange des deux transitions évoquées plus haut sur les spectres expérimentaux rend l'exploitation rigoureuse difficile. Nous nous efforcerons cependant de reconstituer séparément l'intensité des deux transitions. Nous espérons que l'analyse présentée dans la suite de ce chapitre puisse paver la voie à une exploitation théorique rigoureuse du spectre linéaire observé à l'endroit de la fréquence ν_3 correspondant au mode d'étirement antisymétrique de la molécule de SF_6. Afin de séparer les contributions provenant des deux bandes observées (le doublet et la bande $\nu_4 + \nu_6$), nous avons procédé à un ajustement numérique par des fonctions adaptées. Dans la suite du texte, nous étudierons séparément les fonctions utilisées en commençant par la bande $\nu_4 + \nu_6$.

7.2.3 Proposition d'un ajustement pour la bande $\nu_4 + \nu_6$

Observations préliminaires

Comme nous pouvons le voir sur les spectres anisotropes de la figure 7.2, la moitié droite de la bande $\nu_4 + \nu_6$ est peu contaminée par le doublet. Cette portion de spectre sera ajustée par une fonction semblable à celle utilisée pour le spectre anisotrope de la transition $2\nu_5$ (section 4.3.2). L'aile droite est ainsi modélisée par une fonction de distribution de loi γ (la définition mathématique de cette fonction est donnée dans l'annexe C.3), alors que la branche centrale est modélisée par une somme de deux gaussiennes. Concernant cette branche Q centrale, on peut faire l'observation suivante. Tandis que le bord gauche est très abrupt, le bord droit a une décroissance beaucoup plus lente. Une explication de ce phénomène tient à la nature de la bande de combinaison. En effet, nous avons vu dans le paragraphe 7.2.2 que la position de la bande $\nu_4 + \nu_6$ subit un décalage anharmonique positif d'environ $3\,\mathrm{cm}^{-1}$. Si l'on considère l'existence de bandes chaudes contribuant à ce spectre, nous pouvons donc supposer qu'elles présenteront également un décalage anharmonique positif. Cette observation d'un élargissement sur la droite de la branche Q conforte donc son assignation à la transition $\nu_4 + \nu_6$.

Fonctions d'ajustement

Dans la somme de deux gaussiennes utilisée pour reconstituer la branche Q, la première correspond à la branche Q centrale, tandis que la seconde pourvoit à l'intensité des bandes chaudes évoquées précédemment. Son intensité est la même que celle de la gaussienne principale, mais pondérée par un facteur numérique empiriquement choisi.

Dans l'expression qui suit, nous avons posé $x = \nu - \nu_0$ tel que ν_0 soit l'origine de la branche Q observée, et ν la fréquence Raman sur les spectres étudiés. La fonction utilisée pour l'ajustement a ainsi l'expression suivante :

$$f_{\nu_4+\nu_6}(x) = C_0\Big(g_3(x,\lambda) + g_3(-x,\lambda)\Big) + \\ C_1 \left(\frac{1}{\sqrt{2\pi\sigma_1^2}} \exp\left(-\frac{x^2}{2\sigma_1^2}\right) - \frac{1}{f}\frac{1}{\sqrt{2\pi\sigma_2^2}} \exp\left(-\frac{(x-\delta)^2}{2\sigma_2^2}\right) \right) \quad (7.6)$$

Les paramètres libres de l'ajustement, préalablement initialisés avec des valeurs adéquates pour assurer la convergence finale, sont ν_0, C_0, λ, C_1, δ, σ_1 et σ_2. Le paramètre f est le coefficient choisi empiriquement évoqué précédemment. La valeur choisie en définitive est $f = 1.6$. L'influence de ce choix est cependant minime sur le résultat de l'ajustement. Les paramètres C_0 et C_1 définissent l'intensité totale de la bande.

7.2.4 Proposition d'un ajustement pour le doublet

Nous avons trouvé que le choix le plus approprié pour ajuster ce doublet est une somme de deux gaussiennes, chacune étant centrée sur une branche du doublet. À nouveau, nous posons $x = \nu - \nu_0$, où ν_0 représente l'origine du doublet et ν la fréquence Raman observée surr les spectres. L'expression totale pour l'ajustement du doublet est ainsi :

$$f_{\text{doublet}}(\nu) = \frac{C_1}{\sqrt{2\pi\sigma_1^2}} \exp\left(-\frac{(x-\delta)^2}{2\sigma_1^2}\right) + \frac{C_2}{\sqrt{2\pi\sigma_2^2}} \exp\left(-\frac{(x+\delta)^2}{2\sigma_2^2}\right) \quad (7.7)$$

Les paramètres ajustés sont C_1, C_2, σ_1, σ_2, ν_0 et δ. Les paramètres libres de l'ajustement ont une nomenclature identique à celle utilisée pour la bande $\nu_4 + \nu_6$, nous préviendrons toute ambiguïté dans la suite du texte lorsqu'une confusion sera possible.

7.3 Dépouillement des ajustements non-linéaires

Dans cette section, nous étudierons comment évoluent les positions des deux bandes précédemment évoquées, ainsi que la distribution des intensités du doublet et de la bande $\nu_4 + \nu_6$. L'étude sera restreinte aux sept plus basses densités enregistrées. Le tracé des ajustements est représenté, pour quelques densités, sur la figure 7.3.

Sur cette figure, les traits discontinus représentent respectivement les fonctions d'ajustement associées à la bande $\nu_4 + \nu_6$ (bleu) et à la bande ν_3 (vert). La ligne pleine noire correspond à la somme des deux ajustements.

7.3.1 Intensités respectives des deux bandes

La mesure de l'intensité respective des deux bandes est un point central de ce dépouillement. En effet, notre expérience, spécialisée dans la détection de signaux de faible

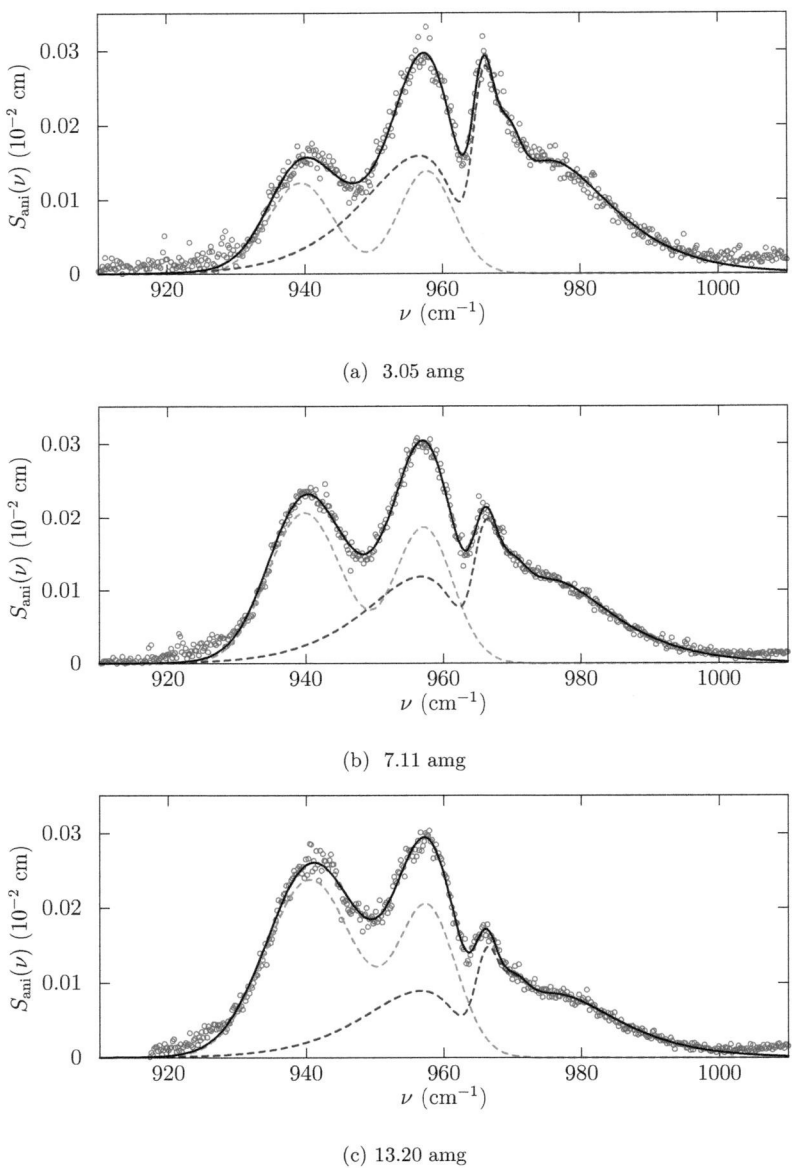

(a) 3.05 amg

(b) 7.11 amg

(c) 13.20 amg

FIG. 7.3 : Représentation graphique des ajustements non linéaires appliqués aux spectres expérimentaux pour trois densités représentatives. Les poitts expérimentaux sont représentés par les cercles rouges ; la courbe noire correspond au spectre ajusté et les courbes discontinues aux deux contributions à ce spectre ajusté (courbe bleu pour la bande $\nu_4+\nu_6$, courbe verte pour la bande ν_3).

intensité, permet en premier lieu de mesurer des sections efficaces de transition. La difficulté du spectre ici étudié est que les deux bandes se recouvrent sur un intervalle spectral non négligeable. D'autre part, nous assistons à une redistribution de l'intensité entre ces deux transitions, comme cela peut être observé sur la figure 7.2. Dans l'étude des intensités respectives de ces deux bandes, l'hypothèse centrale est l'attribution d'une intensité égale entre la branche rotationnelle confondue avec le doublet et la branche rotationnelle exempte de perturbations. Les résultats obtenus par l'intermédiaire de l'ajustement non linéaire présenté précédemment sont présentés sur la figure 7.4, pour les sept plus basses densités. L'intensité respective des deux bandes semble évoluer linéairement dans le cadre des ajustements décrits précédemment. Les ajustements reconstituent en moyenne 99,6% de l'intensité de la bande observée.

Pour reconstituer l'intensité respective de chacune des transitions, nous utilisons un modèle linéaire, et nous supposons que la distribution d'intensité correspondant à la limite à densité nulle est celle qui correspond aux molécules isolées. Afin d'étudier de manière approfondie l'évolution de la redistribution, nous avons utilisés deux ensembles de données. Le premier est constitué des intensités intégrées pour les sept plus basses densités. Le second est un sous-ensemble du premier restreint aux cinq densités les plus élevées parmi les sept considérées. Les ensembles correspondants sont notés R_1 et R_2, de telle sorte que :

$$R_1 \text{ (amg)} = \{2.03; 3.05; 5.07; 7.11; 9.13; 11.21; 13.2\}$$
$$R_2 \text{ (amg)} = \{5.07; 7.11; 9.13; 11.21; 13.2\}$$

Nous calculerons ainsi l'intensité respective de la bande ν_3 (notée $I(\nu_3)$) et de la bande $\nu_4 + \nu_6$ (notée $I(\nu_4 + \nu_6)$) dans la limite de la densité nulle (correspondant à l'ordonnée à l'origine de la régression linéaire) et le coefficient de redistribution que nous noterons d. Le coefficient d exprime le pourcentage d'intensité totale qui a migré de la bande $\nu_4 + \nu_6$ vers la bande ν_3, pour une densité donnée, de telle sorte que pour une valeur quelconque de ρ, les intensités respectives du doublet et de la bande $\nu_4 + \nu_6$ soient :

$$I(\nu_3, \rho) = I(\nu_3) + d \times I_{tot}$$
$$I(\nu_4 + \nu_6, \rho) = I(\nu_4 + \nu_6) - d \times I_{tot}$$

La procédure de régression linéaire, pour les ensembles respectivement R_1 et R_2, permet d'obtenir la répartition suivante :

$$R_1 \;:\; I(\nu_4 + \nu_6) = 77(2)\,\% \;;\; I(\nu_3) = 23(2)\,\% \;;\; d = 2.95(34)\,\text{amg}^{-1}$$
$$R_2 \;:\; I(\nu_4 + \nu_6) = 71(2)\,\% \;;\; I(\nu_3) = 28(2)\,\% \;;\; d = 2.42(28)\,\text{amg}^{-1}$$

Ces deux résultats correspondent respectivement à la droite pleine et en traits disconti-

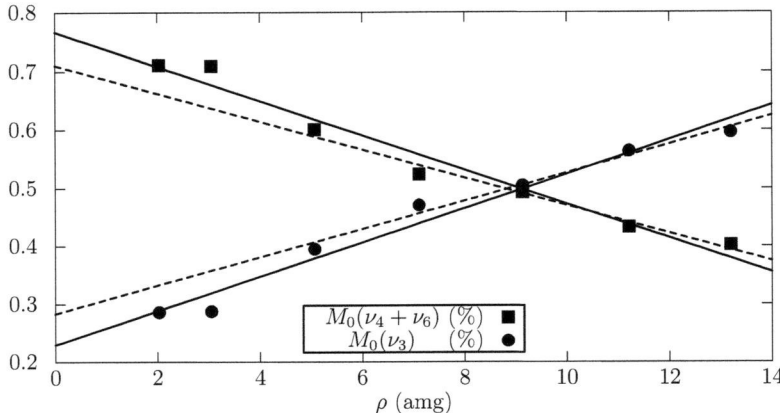

FIG. 7.4 : Intensités respectives des bandes ν_3 et $\nu_4 + \nu_6$ en fonction de la densité. Ces intensités sont obtenues d'après les ajustements détaillés dans le paragraphe 7.2.3 et 7.2.4.

nus de la figure 7.4. Bien que ces deux résultats ne soient pas incompatibles, la différence existante met en exergue la difficulté de remonter aux intensités $I(\nu_4 + \nu_6)$ et $I(\nu_3)$ de manière précise. Ceci est dû à la qualité des données expérimentales, au caractère arbitraire des fonctions d'ajustement choisies mais aussi au fait que les intensités observées pour les deux plus basses densités semblent ne pas connaître d'évolution. Dans la suite du texte, nous retiendrons un ratio empiriquement choisi attribuant $\frac{3}{4}$ de l'intensité totale à la bande $\nu_4 + \nu_6$ et $\frac{1}{4}$ de l'intensité totale à la bande ν_3, dans la limite à densité nulle. Nous estimons que cette valeur est représentative des données expérimentales ici présentées.

L'intensité totale est conservée si l'on somme l'intensité du doublet et l'intensité de la bande $\nu_4 + \nu_6$. Cet échange peut être attribué aux collisions plus fréquentes dans le gaz à mesure que la densité augmente via un phénomène de « line-mixing ». On peut supposer que les artefacts relevés plus haut dans la mesure de l'intensité du doublet (comportement à basse densité) pourraient être très améliorés, voire même totalement éliminés si nous disposions d'une simulation efficace de l'allure de la bande $\nu_4+\nu_6$, branches O et S incluses.

7.3.2 Caractéristiques des bandes ν_3 et $\nu_4 + \nu_6$

L'ensemble des mesures évoquées ci-dessus est représenté graphiquement sur la figure 7.5. La position de la branche Q de la bande $\nu_4 + \nu_6$, mesurée par le biais des ajustements, montre un très faible, bien que perceptible, déplacement en densité. L'effet de déplacement est beaucoup plus prononcé en ce qui concerne le minimum du doublet attribué au mode de vibration ν_3.

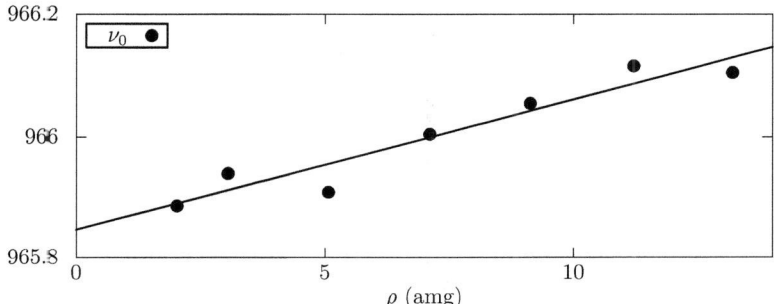

(a) Position de la bande $\nu_4 + \nu_6$ en cm^{-1}. La valeur de ν_0 correspond à l'ajustement non-linéaire de l'équation 7.6. La droite de régression correspondante est donnée à l'équation 7.8.

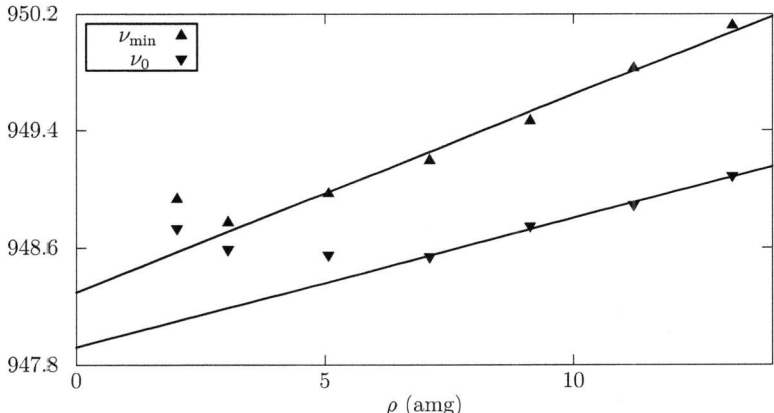

(b) Position de la bande ν_3 en cm^{-1}. La valeur de $\nu_{\min}$ correspond au minimum local de la fonction ajustée sur le doublet (équation 7.7). Le paramètre ν_0 de cette même fonction d'ajustement est également représenté. Les droites de régression sont données respectivement aux équations 7.10 et 7.11

FIG. 7.5 : Étude du déplacement du doublet de la bande ν_3 et de la bande $\nu_4 + \nu_6$. Les données sont issues des ajustements linéaires détaillés aux paragraphes 7.2.3 et 7.2.4

Bande $\nu_4 + \nu_6$

Concernant la position de la bande $\nu_4 + \nu_6$, la droite de régression de la figure 7.5a obéit à l'équation :

$$m(\nu_4 + \nu_6) = (965.848 + 0.0213 \times \rho) \text{ cm}^{-1} \tag{7.8}$$

Où $m(\nu_4 + \nu_6)$ correspond au paramètre ν_0 de l'ajustement aux moindres carrés de la fonction définie au paragraphe 7.2.3. Les points qui y sont représentés ne présentent pas de déviation significative au modèle linéaire que nous avons postulé. Le décalage anharmonique du sommet, par rapport à la somme des fréquences est ainsi, dans la limite à densité nulle :

$$m(\nu_4 + \nu_6) - m(\nu_4) - m(\nu_6) \simeq 3.1 \text{ cm}^{-1} \tag{7.9}$$

où $m(\nu_4) = 615.02$ cm^{-1} [11] et $m(\nu_6) = 347.74$ cm^{-1} [3]. Ce décalage positif est relativement élevé, et contraste fortement avec la position du mode $\nu_4 + \nu_6$ déduite de l'étude de la bande chaude $\nu_6 + \nu_4 - \nu_6$ réalisée dans la référence [11].

La valeur de λ, paramètre de la fonction de distribution de loi γ ajustant la branche rotationnelle (*cf* équation 7.6 pour les détails) garde une valeur stable pour les sept premières densités étudiées, sans corrélation explicite avec la densité. La moyenne calculée à partir des sept plus basses densités est ainsi $\lambda = 0.20$ cm.

Position de la bande ν_3

Concernant le doublet de la bande ν_3, deux possibilités existent pour obtenir l'origine de la bande. La première est de mesurer le minimum d'intensité entre les deux branches de l'ajustement. Nous aboutissons ainsi à l'équation :

$$m(\nu_3) = (948.300 + 0.1345 \times \rho) \text{ cm}^{-1} \tag{7.10}$$

Nous pouvons également utiliser les valeurs de ν_0 obtenues par ajustement numérique de la fonction définie dans le paragraphe 7.2.4. Une régression linéaire sur les quatre plus hautes densités a permis d'obtenir l'équation suivante :

$$m'(\nu_3) = (947.921 + 0.0882 \times \rho) \text{ cm}^{-1} \tag{7.11}$$

Les régressions linéaires et les données numériques correspondantes sont tracées sur la figure 7.5b. Notons que dans le cas d'une telle bande, il est difficile de remonter à l'origine exacte de la bande, la mesure étant gênée par les phénomènes concomitants que sont le déplacement de l'origine de la bande et la redistribution d'intensité entre les deux branches du doublet. Le fait que les premiers points de mesures dévient significativement de la droite de régression peut être expliqué par le fait que l'intensité du doublet relative

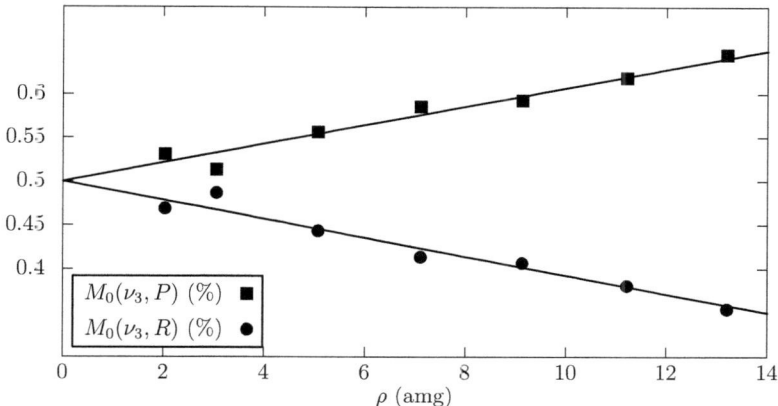

FIG. 7.6 : Intensité respective de chacune des deux branches du doublet, rapportée à l'intensité totale du doublet. Les droites sont obtenues par régression sur les cinq plus hautes densités parmi les sept considérées.

à la totalité du spectre est plus faible à basse densité, soit un rapport signal sur bruit défavorable.

Les ajustements ainsi réalisés montrent la très grande proximité du centre de ce doublet avec la fréquence du mode de vibration antisymétrique $\nu_3 = 948.103\,\text{cm}^{-1}$ [3].

7.3.3 Branches du doublet

Nous avons déjà remarqué qu'il y a une redistribution d'intensité entre la bande $(\nu_4 + \nu_6)$ et le doublet de la bande ν_3. Mais nous pouvons également observer une redistribution d'intensité entre les deux branches du doublet si l'on observe les différents spectres tracés sur la figure 7.2. C'est cette redistribution que nous allons maintenant examiner. Pour ce faire, nous intégrons la fonction ajustée au doublet sur deux fenêtres spectrales adjacentes que sont $]-\infty\,;949]\,\text{cm}^{-1}$ et $[949\,;+\infty[\,\text{cm}^{-1}$. Le résultat est présenté sur la figure 7.6, avec les droites de régressions. Ces droites sont obtenues par une régression linéaire appliquée aux points correspondant aux cinq densités les plus élevées parmi les sept considérées. L'inadéquation des deux premiers points avec les droites de régression peut être expliqué par la mauvaise précision de l'ajustement aux données expérimentales, due essentiellement à un niveau de bruit important aux plus faibles densités mais également au fait que le rapport signal sur bruit est défavorable à l'étude du doublet, car la bande $\nu_4 + \nu_6$ est prépondérante à ces densités, et la distribution de l'aile rotationnelle confondue avec l'une des branches du doublet est mal connue.

Le coefficient de redistribution obtenu est symétrique entre les deux branches à un

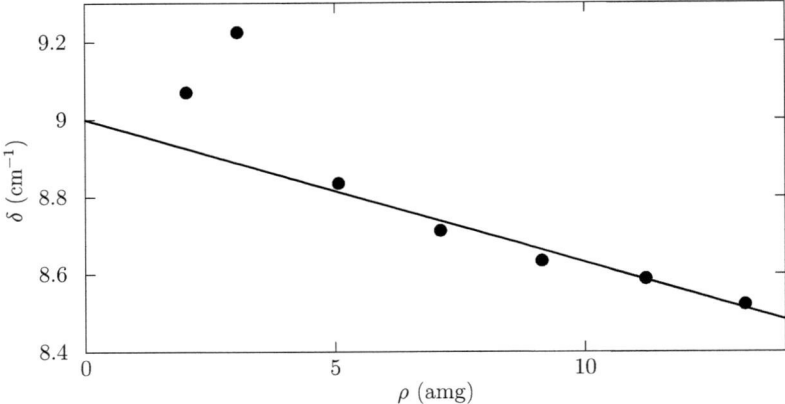

FIG. 7.7 : Évolution du paramètre δ de l'équation 7.7 en fonction de la densité. Les deux points à plus basse densité ne sont pas inclus dans la régression. L'équation de la droite de régression est $\delta = \delta_0 + t \times \rho$ avec $\delta_0 = 9.00(4)\,\text{cm}^{-1}$ et $t = -0.037(4)\,\text{cm}^{-1} \cdot \text{amg}$.

très bon degré de précision, et vaut :

$$d = 0.0107(14)\,\text{amg}^{-1} \tag{7.12}$$

Ce qui signifie qu'à 10 amg par exemple, la branche de gauche comptabilise, en plus de sa valeur à densité nulle, 10.7 % de l'intensité totale. Les droites de régression convergent toutes deux sur la valeur de 50(1) % dans la limite à densité nulle, ce qui correspond à une distribution symétrique de l'intensité entre les deux branches. Nous pouvons supposer que les points aberrants sur la figure 7.6 peuvent être corrigés par une connaissance précise de l'allure de la branche rotationnelle de la transition $\nu_4 + \nu_6$ qui est confondue avec le doublet. Néanmoins, la procédure d'ajustement non-linéaire ici réalisée est fondée sur l'hypothèse que la bande de combinaison $\nu_4 + \nu_6$ possède deux branches rotationnelles symétriques. A priori cette hypothèse ne constitue qu'une approximation suffisamment bonne de la réalité.

Le paramètre δ associé à la fonction 7.7 subit une diminution lorsque la densité augmente. L'évolution de cette grandeur est représentée sur la figure 7.7. D'autre part, au delà des sept densités qui forment la base du dépouillement présent, les fonctions d'ajustement proposées plus haut ne sont plus adéquates pour représenter la bande. Les spectres linéaires correspondants aux densités plus élevées sont représentés dans l'annexe A.

7.4 Dépouillement final

7.4.1 Intensité de la bande $\nu_4 + \nu_6$

On peut montrer que ce sont au total 18 termes du développement de l'équation 1.16 qui participent à l'intensité totale de la transition. Ces 18 termes correspondent à 9 états finaux. Dans la suite du texte, les indices latins (de type i, j, ...) désignent des coordonnées cartésiennes (x, y, z). Nous allons désigner sous le terme « dérivée non-mixte » les dérivées contribuant à l'intensité totale telles que $(\partial_{q_{4i}}\partial_{q_{6i}}\alpha)$ [1]. Les dérivées « mixtes » seront les dérivées de type $(\partial_{q_{4i}}\partial_{q_{6j}}\alpha)$, avec $i \neq j$. Il y a au total 6 dérivées non-mixtes qui contribuent, mais à cause de la condition de Schwartz ($\partial_x \partial_y = \partial_y \partial_x$), ces six dérivées se résument à trois termes correspondant à trois états finaux différents mais égaux en terme d'intensité. Il y a douze dérivées mixtes qui contribuent, mais à nouveau, la relation de Schwartz permet de réduire ces douze termes à six termes, chacun correspondant à un état final en particulier. Les six termes correspondants sont les suivants :

$$(\partial_{4x}\partial_{6y}\alpha) \ , \ (\partial_{4x}\partial_{6z}\alpha) \ , \ (\partial_{4y}\partial_{6x}\alpha) \ , \ (\partial_{4y}\partial_{6z}\alpha) \ , \ (\partial_{4z}\partial_{6x}\alpha) \ , \ (\partial_{4z}\partial_{6y}\alpha) \quad (7.13)$$

Nous allons remonter à une expression de la section efficace finale. On peut montrer d'une part que chaque dérivée de type « non-mixte » contribue de la même manière à l'élément de matrice de l'anisotropie. Nous noterons β_{aa}^2 le vecteur d'anisotropie dépendant des coordonnées de type $q_{4x}q_{6x}$, $q_{4y}q_{6y}$ et $q_{4z}q_{4z}$. Le terme d'anisotropie β_{ab}^2 correspond aux dérivées mixtes. On peut alors montrer que le moment d'ordre zéro s'écrit :

$$(M_0)_{\nu_4+\nu_6}^{\text{ani}} = \frac{\frac{3}{4}(\beta_{aa}^2 + 2\beta_{ab}^2)}{\left(1 - \exp\left(-\frac{hc\nu_6}{k_B T}\right)\right)\left(1 - \exp\left(-\frac{hc\nu_4}{k_B T}\right)\right)} \quad (7.14)$$

Cette expression est similaire à celle donnée par Montero pour les bandes de combinaison de deux modes triplement dégénérés [12]. Le facteur thermique calculé dans ce cas est :

$$\left(1 - \exp\left(-\frac{hc\nu_6}{k_B T}\right)\right)^{-1}\left(1 - \exp\left(-\frac{hc\nu_4}{k_B T}\right)\right)^{-1} = 1.287 \quad (7.15)$$

À partir du facteur thermique, de l'expression théorique de l'équation 7.14, de la contribution de l'intensité de la bande $\nu_4 + \nu_6$ au spectre expérimental estimée à 3/4 (paragraphe 7.3.1) et de la valeur du moment d'ordre zéro donnée dans le tableau 7.1, nous

---

[1] Cette notation est un raccourci pour représenter les dérivées partielles de la polarisabilité par rapport aux coordonnées q_{6i} et q_{4i}, de telle sorte que $\partial_x \partial_y f \equiv \dfrac{\partial^2 f}{\partial x \partial y}$.

avons :

$$2\beta_{ab}^2 + \beta_{aa}^2 = \frac{4}{3} \times \frac{1}{1.287} \times \frac{3}{4} \times M_0^{\text{tot}}$$
$$\Rightarrow 2\beta_{ab}^2 + \beta_{aa}^2 = \begin{cases} 4.75 \times 10^{-4} \, a_0^6 \\ 10.4 \times 10^{-54} \, \text{cm}^6 \end{cases} \quad (7.16)$$

L'obtention de ce dernier résultat dépend énormément de l'intensité attribuée à la bande $\nu_4 + \nu_6$ dans la limite des densités nulles. Nous estimons que cette dernière se situe entre 0.70 et 0.80, soit une incertitude de l'ordre de 10% sur la valeur des éléments de matrice de l'anisotropie au carré. On peut attribuer des limites supérieures aux composantes de l'anisotropie qui sont respectivement :

$$\beta_{ab}^2 \quad : \quad 2.37 \times 10^{-4} \, a_0^6 \quad (7.17)$$
$$\beta_{aa}^2 \quad : \quad 4.75 \times 10^{-4} \, a_0^6 \quad (7.18)$$

Nous n'avons pas calculé les valeurs de β_{aa}^2 et β_{ab}^2 en fonction des dérivées du tenseur de polarisabilité. Cependant, nous pensons qu'une extension du procédé donné au chapitre 1 devrait permettre de résoudre cette question sans trop de difficulté. Cela pourrait s'avérer un test intéressant.

7.4.2 Intensité du doublet

Comme cela fût dit dans le paragraphe 7.2.2, et dans l'hypothèse où le doublet observé est bien attribuable au mode ν_3 de vibration, nous manquons tout de même d'une expression théorique de la section efficace permettant d'interpréter la valeur du moment en terme de propriétés intrinsèques à la molécule. Néanmoins, il est possible de donner une valeur du moment d'ordre zéro en utilisant le résultat sur l'intensité dans la limite à densité nulle (paragraphe 7.3.1). Le moment d'ordre zéro de la bande ν_3 est alors :

$$M_0^{\nu_3,\text{doublet}} = \frac{1}{4} \times M_0^{\text{tot}}$$
$$\Rightarrow M_0^{\nu_3,\text{doublet}} = \begin{cases} 3.36 \times 10^{-54} \, \text{cm}^6 \\ 1.53 \times 10^{-4} \, a_0^6 \end{cases} \quad (7.19)$$

Où M_0 correspond à la définition donnée à l'équation 3.35.

Conclusion

Dans ce chapitre, nous avons formulé des hypothèses sur la constitution du spectre linéaire observé à l'endroit de la fréquence ν_3 de la molécule SF_6, observé en spectroscopie

Raman à l'aide d'un montage à haute sensibilité. Ces hypothèses assignent au spectre linéaire deux bandes. L'attribution de la bande $\nu_4 + \nu_6$ semble cohérente, et aucune contradiction n'est venue mettre en difficulté cette hypothèse. En particulier, l'observation d'un décalage anharmonique positif du sommet cadre avec l'élargissement à droite, correspondant aux bandes chaudes subissant elles aussi un décalage anharmonique positif. Pour ce qui est de la deuxième bande, nous pensons que l'étude ici réalisée constitue une évidence de l'activité du mode ν_3 en spectroscopie Raman. Un argument majeur en faveur de cette idée est la position centrale de ce doublet qui converge vers une valeur très proche de $948\,\mathrm{cm}^{-1}$. L'intensité estimée de cette transition est du même ordre de grandeur que la bande anisotrope du mode $2\nu_5$. Bien qu'il n'y ait pas d'explication définitive à la violation des règles de sélection usuelles, un couplage avec d'autres modes de vibration ou un mécanisme de polarisation à un ordre supérieur peuvent être évoqués. Enfin, un signe distinctif de cette bande de transition est l'absence totale de branche Q (branche centrale). Cette information peut être utilisée pour vérifier la validité d'un modèle théorique particulier.

Enfin, nous avons pu observer un phénomène de redistribution d'intensité entre les deux bandes. Ce phénomène perturbe énormément la séparation des intensités intégrées, mais nous avons pu observer que cette re-distribution est linéaire en densité, et ainsi déduire les contributions respectives de ces deux bandes dans la limite à densité nulle. Ce phénomène de redistribution d'intensité, que l'on pourrait qualifier de « relaxation » induite par les collisions puisque ces dernières sont proportionnelles à la densité du milieu, est un sujet d'étude en lui-même. Dans cette thèse, des phénomènes analogues ont été rencontrés. La nature hautement symétrique de la molécule SF_6 rend l'existence de modes de vibration voisins en énergie beaucoup plus probable que pour des molécules dont le nombre d'atomes est moindre. En conséquence, la molécule SF_6 apparaît comme un candidat approprié pour étudier de tels phénomènes.

Bibliographie

[1] W. Holzer and R. Ouillon. Forbidden Raman bands of SF_6 : collision induced Raman scattering. *Chemical Physics Letters*, 24(4) :589 – 593, 1974.

[2] R. Samson and A. Ben-Reuven. Theory of collision-induced forbidden Raman transitions in gases. application to SF_6. *The Journal of Chemical Physics*, 65(9) :3586–3594, 1976.

[3] V. Boudon, L. Manceron, F. Kwabia Tchana, M. Loete, L. Lago, and P. Roy. Resolving the forbidden band of SF_6. *Phys. Chem. Chem. Phys.*, 16 :1415–1423, 2014.

[4] Wayne R. Fenner, Howard A. Hyatt, John M. Kellam, and S. P. S. Porto. Raman cross section of some simple gases. *J. Opt. Soc. Am.*, 63(1) :73–77, 1973.

[5] Boris S. Galabov and Todor Dudev. Chapter 8 intensities in Raman spectroscopy. In *Vibrational Intensities*, volume 22 of *Vibrational Spectra and Structure*, pages 189 – 214. Elsevier, 1996.

[6] Jr. E. Bright Wilson, J.C. Decius, and Paul C. Cross. *Molecular Vibrations : The Theory of Infrared and Raman Vibrational Spectra*. Dover, 1955.

[7] Derek A. Long. *The Raman Effect : A Unified Treatment of the Theory of Raman Scattering by Molecules*. Wiley, 2001.

[8] Robin S. McDowell, Burton J. Krohn, Herbert Flicker, and Mariena C. Vasquez. Vibrational levels and anharmonicity in SF_6 – I. vibrational band analysis. *Spectrochimica Acta Part A : Molecular Spectroscopy*, 42(2-3) :351 – 369, 1986.

[9] Robin S. McDowell and Burton J. Krohn. Vibrational levels and anharmonicity in SF_6 – II. anharmonic and potential constants. *Spectrochimica Acta Part A : Molecular Spectroscopy*, 42(2–3) :371 – 385, 1986.

[10] N. Egorova, A. Kouzov, M. Chrysos, and F. Rachet. Refined theory of two-photon processes accounting for virtual electric quadrupole and magnetic dipole transitions. *Journal of Raman Spectroscopy*, 36(2) :153–157, 2005.

[11] V. Boudon, G. Pierre, and H. Bürger. High-resolution spectroscopy and analysis of the ν_4 bending region of SF_6 near $615\,\mathrm{cm}^{-1}$. *Journal of Molecular Spectroscopy*, 205(2) :304 – 311, 2001.

[12] S. Montero. Anharmonic Raman intensities of overtones, combination and difference bands. *The Journal of Chemical Physics*, 77(1) :23–29, 1982.

CO_2 : bande induite par collisions

conclusion

Conclusion

Dans cette thèse, nous avons étudié trois transitions Raman permises, que sont les harmoniques $2\nu_3$ et $2\nu_5$ et la bande de combinaison $\nu_4 + \nu_6$. Les harmoniques et les modes de combinaison ont la propriété d'être faiblement actifs en spectroscopie Raman, l'intensité étant entre deux et quatre ordres de grandeurs plus faible que celle d'une transition fondamentale.

Ces bandes de transition sont cependant importantes, car elles sont une manifestation des anharmonicités électriques ou mécaniques de la molécule.

Le plus souvent, on évoque ces anharmonicités comme responsables du décalage du sommet des branches principales de la somme des fréquences fondamentales [1]. Mais elles jouent un rôle fondamental dans l'intensité finale des bandes de combinaison et des harmoniques, car elles influent sur la polarisabilité des modes de vibration, comme cela a été vu au chapitre 1 lors de la présentation de la transformation de contact, mais également dans l'étude des bandes harmoniques $2\nu_5$ et $2\nu_3$ de la molécule SF_6.

Ainsi, les anharmonicités du champ de force se manifestent bien sûr au travers des anharmonicités mécaniques des liaisons, mais également dans les propriétés électro-optiques de la molécule. Les avancées récentes en terme de modélisation numérique [2] permettraient d'enrichir encore davantage la connaissance des propriétés du champ de force intramoléculaire de la molécule SF_6.

D'autre part, nous avons pu observer, en étudiant ces transitions, en particulier pour les modes $2\nu_3$ et $\nu_4 + \nu_6$, un phénomène de redistribution spectrale. Bien que nous n'en ayons pas fait une étude détaillée, nombre de phénomènes (déplacement de la bande, élargissement) ont pu être décrits, dont la caractéristique essentielle est de dépendre linéairement de la densité, comme la fréquence des collisions à deux corps. Une grande variété de mécanismes peuvent participer à ces phénomènes, nous nous sommes donc gardés d'en donner une explication, à défaut d'en avoir fait une étude plus approfondie. Ayant travaillé avec l'hexafluorure de soufre pur, les collisions sont uniquement homo-moléculaires, où les deux participants sont semblables.

D'autre part, l'hexafluorure de soufre possède six modes normaux de vibrations. De ces six modes, on peut former un grand nombre de modes de combinaisons (à l'ordre deux, un simple dénombrement établit qu'il y a 21 combinaisons possibles, nombre qui augmente davantage si l'on prend en compte les possibles bandes de différence et les bandes d'ordre trois). Ceci implique également que cette molécule comporte des modes vibrationnels peu distants en terme d'énergie, rendant l'étude du spectre vibrationnel SF_6 relativement complexe. Cette proximité de plusieurs modes vibrationnels peut également être une cause d'élargissement.

En dernier lieu, évoquons le mode ν_3 de la molécule SF_6 qui a fait l'objet d'une caractérisation en spectroscopie de diffusion. L'observation d'une bande de transition, associée aux dimères $(SF_6)_2$ a été confirmée. Dans cette thèse, nous avons pu observer que cette bande est très fortement dépolarisée. Cependant, une composante isotrope subsiste, qui a été quantifiée dans ce travail. D'autre part une bande induite par les molécules isolées a été observée à l'endroit de la fréquence Raman ν_3, bien que les règles de sélection usuelles interdisent l'observation d'un tel spectre. Il est permis de penser que des mécanismes de polarisabilité à des ordres supérieurs puissent être à l'origine de cette bande, ou bien un couplage du mode ν_3 avec un autre mode. Des investigations supplémentaires, en cours dans notre institut, devraient permettre de répondre à ces questions.

Pour conclure sur l'ensemble des résultats expérimentaux ici présentés, on peut souhaiter qu'ils fassent l'objet d'études théoriques approfondies afin d'expliquer les spécificités observées sur nos enregistrements. Les travaux expérimentaux ici reportés sont une opportunité d'enrichir les connaissances sur les interactions inter-atomiques au sein de la molécule SF_6. La connaissance du champ de force intramoléculaire fait l'objet d'un consensus en ce qui concerne les modes d'étirement, mais les modes de pliage sont encore mal connus [3, 4]. La seule théorie, au meilleur de notre connaissance, existant sur la bande ν_3 induite par les collisions (chapitre 6, référence [5]) ne prévoit pas l'apparition d'une composante isotrope de l'intensité diffusée. Enfin, l'observation de mécanismes de polarisabilité des molécules isolées à des ordres supérieurs excessivement rare dans la littérature (chapitre 7), et nous souhaitons investiguer de manière approfondie cette hypothèse dans l'explication du spectre dû aux molécules isolées observé à l'endroit de la fréquence ν_3. D'autres hypothèses doivent être prises en considération, et l'observation de l'absence de branche Q pour ce spectre (transitions rotationnelles $\Delta J = 0$ interdites) est potentiellement un moyen de discriminer les différentes hypothèses à disposition.

Bibliographie

[1] Robin S. McDowell, Burton J. Krohn, Herbert Flicker, and Mariena C. Vasquez. Vibrational levels and anharmonicity in SF_6 – I. vibrational band analysis. *Spectrochimica Acta Part A : Molecular Spectroscopy*, 42(2-3) :351 – 369, 1986.

[2] Magnus Ringholm, Dan Jonsson, Radovan Bast, Bin Gao, Andreas J. Thorvaldsen, Ulf Ekström, Trygve Helgaker, and Kenneth Ruud. Analytic cubic and quartic force fields using density-functional theory. *The Journal of Chemical Physics*, 140(3), 2014.

[3] D. Kremer, F. Rachet, and M. Chrysos. From light-scattering measurements to polarizability derivatives in vibrational Raman spectroscopy : The $2\nu_5$ overtone of SF_6. *The Journal of Chemical Physics*, 138(17), 2013.

[4] D. Kremer, F. Rachet, and M. Chrysos. More light on the $2\nu_5$ Raman overtone of SF_6 : Can a weak anisotropic spectrum be due to a strong transition anisotropy ? *The Journal of Chemical Physics*, 140(3), 2014.

[5] R. Samson and A. Ben-Reuven. Theory of collision-induced forbidden Raman transitions in gases. application to SF_6. *The Journal of Chemical Physics*, 65(9) :3586–3594, 1976.

Annexe A

Résultats expérimentaux : compléments

Les annexes ici présentées correspondent aux chapitres 6 et 7 de cette thèse. Sur la page 195, nous présentons les spectres expérimentaux calibrés pour toutes les densités investiguées, accompagnés des extrapolations des ailes. Les résultats sont présentés en échelle semi-logarithmique (figure A.2) et linéaire (figure A.1). Les spectres horizontaux sont présentés de manière identique sur la page 196.

Sur les pages 197 et 198, nous montrons les spectres linéaires (correspondant aux molécules isolées) observés autour de la fréquence du mode ν_3. Les figures A.5, A.6, A.7 et A.8 montrent les spectres utilisés dans l'étude de cette bande mais non montrés dans le chapitre 7. Les figures A.9 et A.10 montrent deux des spectres exclus du dépouillement. Pour ces densités, la bande $\nu_4 + \nu_6$ perd considérablement en intensité et se fond dans le doublet, ce qui rend les fonctions d'ajustement proposées inopérantes. Sur ces figures, les points expérimentaux sont représentés par les cercles rouges ; la courbe noire correspond au spectre total ajusté et les courbes en traits discontinus aux deux contributions à ce spectre ajusté (courbe bleue pour la bande $\nu_4 + \nu_6$, courbe verte pour la bande ν_3).

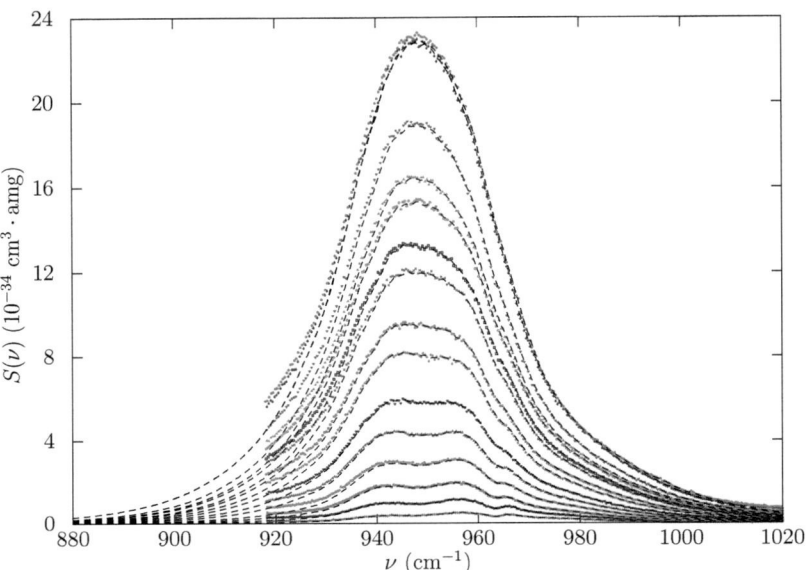

FIG. A.1 : Spectres verticaux expérimentaux en échelle linéaire.

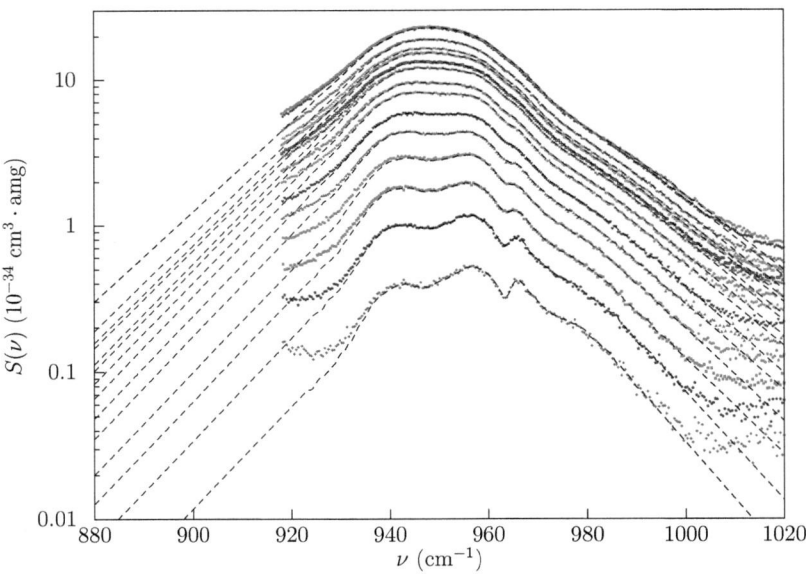

FIG. A.2 : Spectres verticaux expérimentaux en échelle semi-logarithmique.

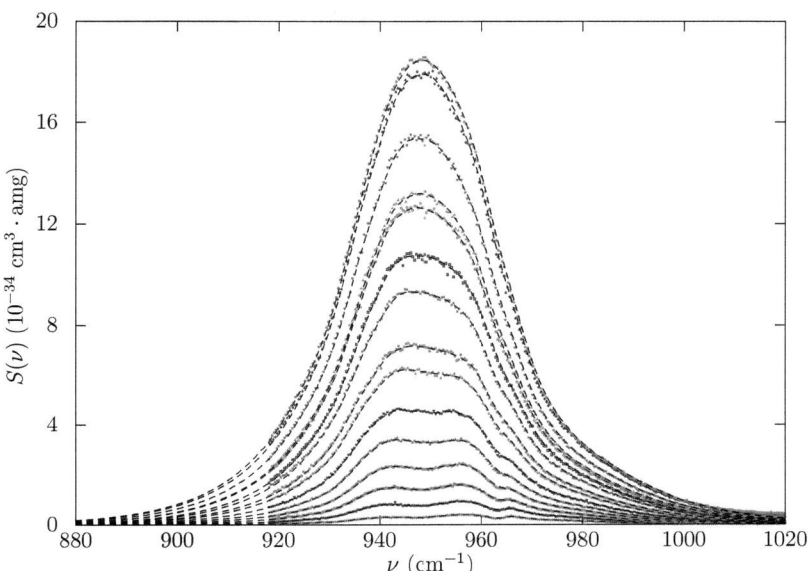

FIG. A.3 : Spectres horizontaux expérimentaux en échelle linéaire.

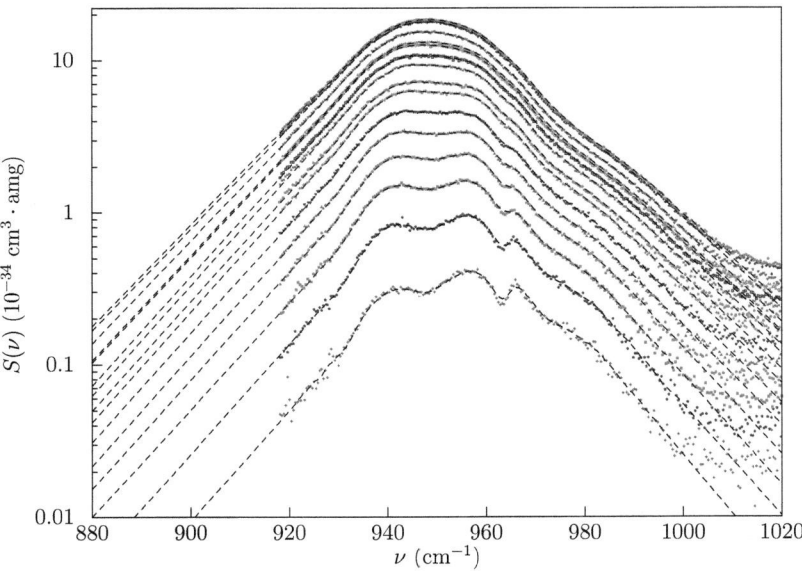

FIG. A.4 : Spectres horizontaux expérimentaux en échelle semi-logarithmique.

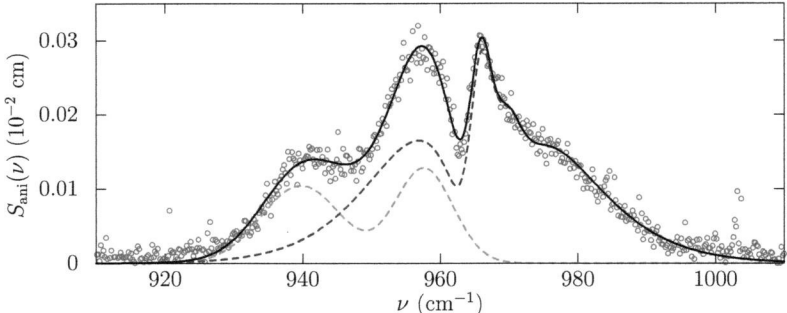

FIG. A.5 : Spectre linéaire et ajustement pour 2.03 amg.

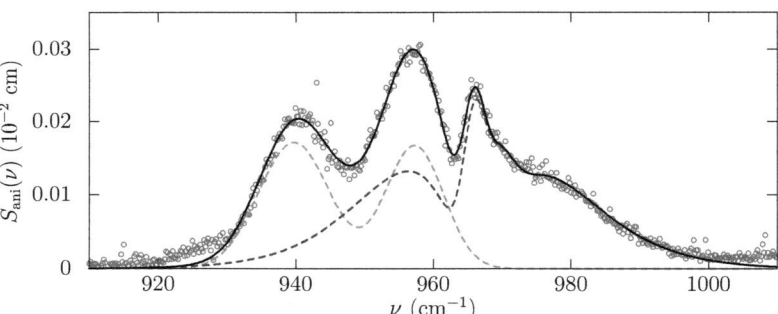

FIG. A.6 : Spectre linéaire et ajustement pour 5.07 amg

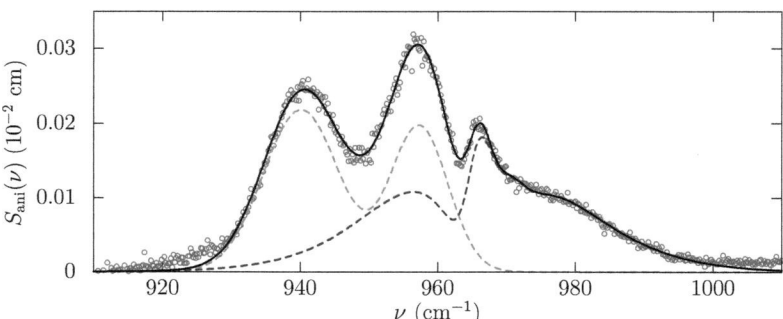

FIG. A.7 : Spectre linéaire et ajustement pour 9.13 amg.

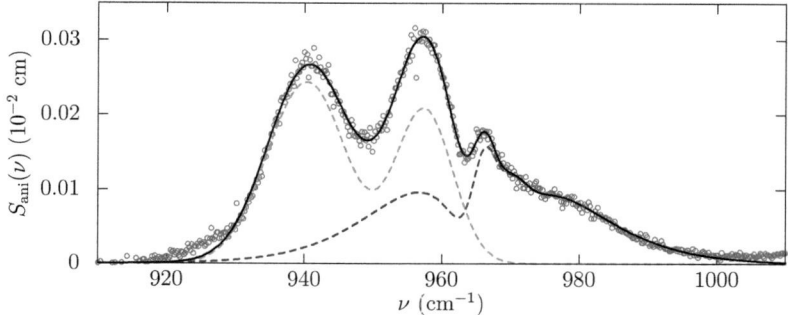

FIG. A.8 : Spectre linéaire et ajustement pour 11.21 amg.

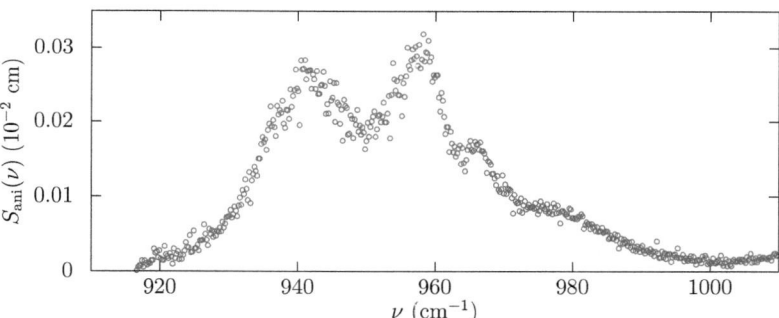

FIG. A.9 : Spectre linéaire pour 17.06 amg.

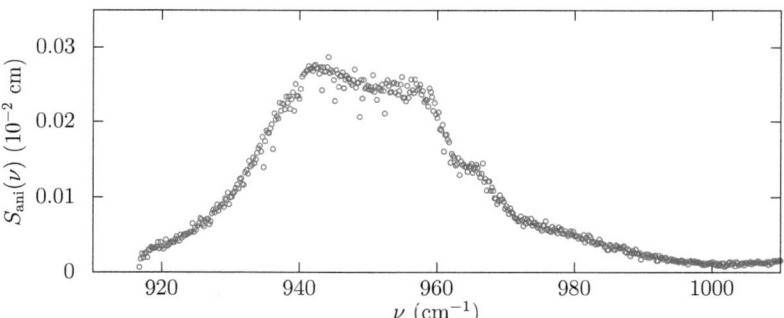

FIG. A.10 : Spectre linéaire pour 21.83 amg.

Annexe B

Égalité entre éléments du tenseur de polarisabilité

B.1 Rotation de $-\pi/2$ autour de l'axe x

La matrice de rotation est :

$$R_x(\frac{\pi}{2}) = \begin{pmatrix} 1 & 0 & 0 \\ 0 & 0 & -1 \\ 0 & 1 & 0 \end{pmatrix} \tag{B.1}$$

Par application de l'équation 1.50, on obtient les égalités suivantes :

$$\begin{pmatrix} \frac{\partial^2 \alpha_{xx}}{\partial q_x \partial q_y} & \frac{\partial^2 \alpha_{xz}}{\partial q_x \partial q_y} & -\frac{\partial^2 \alpha_{xy}}{\partial q_x \partial q_y} \\ \frac{\partial^2 \alpha_{zx}}{\partial q_x \partial q_y} & \frac{\partial^2 \alpha_{zz}}{\partial q_x \partial q_y} & -\frac{\partial^2 \alpha_{yz}}{\partial q_x \partial q_y} \\ -\frac{\partial^2 \alpha_{xy}}{\partial q_x \partial q_y} & -\frac{\partial^2 \alpha_{yz}}{\partial q_x \partial q_y} & \frac{\partial^2 \alpha_{yy}}{\partial q_x \partial q_y} \end{pmatrix} = \begin{pmatrix} \frac{\partial^2 \alpha_{xx}}{\partial q_x \partial q_z} & \frac{\partial^2 \alpha_{xy}}{\partial q_x \partial q_z} & \frac{\partial^2 \alpha_{xz}}{\partial q_x \partial q_z} \\ \frac{\partial^2 \alpha_{yx}}{\partial q_x \partial q_z} & \frac{\partial^2 \alpha_{yy}}{\partial q_x \partial q_z} & \frac{\partial^2 \alpha_{yz}}{\partial q_x \partial q_z} \\ \frac{\partial^2 \alpha_{zx}}{\partial q_x \partial q_z} & \frac{\partial^2 \alpha_{zy}}{\partial q_x \partial q_z} & \frac{\partial^2 \alpha_{zz}}{\partial q_x \partial q_z} \end{pmatrix} \tag{B.2}$$

$$\begin{pmatrix} \frac{\partial^2 \alpha_{xx}}{\partial q_x^2} & \frac{\partial^2 \alpha_{xz}}{\partial q_x^2} & \frac{\partial^2 \alpha_{xy}}{\partial q_x^2} \\ \frac{\partial^2 \alpha_{zx}}{\partial q_x^2} & \frac{\partial^2 \alpha_{zz}}{\partial q_x^2} & -\frac{\partial^2 \alpha_{yz}}{\partial q_x^2} \\ -\frac{\partial^2 \alpha_{xy}}{\partial q_x^2} & -\frac{\partial^2 \alpha_{yz}}{\partial q_x^2} & \frac{\partial^2 \alpha_{yy}}{\partial q_x^2} \end{pmatrix} = \begin{pmatrix} \frac{\partial^2 \alpha_{xx}}{\partial q_x^2} & \frac{\partial^2 \alpha_{xy}}{\partial q_x^2} & \frac{\partial^2 \alpha_{xz}}{\partial q_x^2} \\ \frac{\partial^2 \alpha_{yx}}{\partial q_x^2} & \frac{\partial^2 \alpha_{yy}}{\partial q_x^2} & \frac{\partial^2 \alpha_{yz}}{\partial q_x^2} \\ \frac{\partial^2 \alpha_{zx}}{\partial q_x^2} & \frac{\partial^2 \alpha_{zy}}{\partial q_x^2} & \frac{\partial^2 \alpha_{zz}}{\partial q_x^2} \end{pmatrix} \tag{B.3}$$

B.2 Rotation de $-\pi/2$ autour de l'axe y

Une même rotation d'angle $-\dfrac{\pi}{2}$ est obtenue par application de la transposée de la matrice :

$$R_y(\frac{\pi}{2}) = \begin{pmatrix} 0 & 0 & 1 \\ 0 & 1 & 0 \\ -1 & 0 & 0 \end{pmatrix} \tag{B.4}$$

De même, on obtient alors :

$$\begin{pmatrix} \dfrac{\partial^2 \alpha_{zz}}{\partial q_x \partial q_y} & -\dfrac{\partial^2 \alpha_{yz}}{\partial q_x \partial q_y} & -\dfrac{\partial^2 \alpha_{xz}}{\partial q_x \partial q_y} \\ -\dfrac{\partial^2 \alpha_{yz}}{\partial q_x \partial q_y} & \dfrac{\partial^2 \alpha_{yy}}{\partial q_x \partial q_y} & \dfrac{\partial^2 \alpha_{xy}}{\partial q_x \partial q_y} \\ -\dfrac{\partial^2 \alpha_{xz}}{\partial q_x \partial q_y} & \dfrac{\partial^2 \alpha_{xy}}{\partial q_x \partial q_y} & \dfrac{\partial^2 \alpha_{xx}}{\partial q_x \partial q_y} \end{pmatrix} = \begin{pmatrix} -\dfrac{\partial^2 \alpha_{xx}}{\partial q_z \partial q_y} & -\dfrac{\partial^2 \alpha_{xy}}{\partial q_z \partial q_y} & -\dfrac{\partial^2 \alpha_{xz}}{\partial q_z \partial q_y} \\ -\dfrac{\partial^2 \alpha_{yx}}{\partial q_z \partial q_y} & -\dfrac{\partial^2 \alpha_{yy}}{\partial q_z \partial q_y} & -\dfrac{\partial^2 \alpha_{yz}}{\partial q_z \partial q_y} \\ -\dfrac{\partial^2 \alpha_{zx}}{\partial q_z \partial q_y} & -\dfrac{\partial^2 \alpha_{zy}}{\partial q_z \partial q_y} & -\dfrac{\partial^2 \alpha_{zz}}{\partial q_z \partial q_y} \end{pmatrix} \tag{B.5}$$

$$\begin{pmatrix} \dfrac{\partial^2 \alpha_{xx}}{\partial q_x^2} & \dfrac{\partial^2 \alpha_{xz}}{\partial q_x^2} & -\dfrac{\partial^2 \alpha_{xy}}{\partial q_x^2} \\ \dfrac{\partial^2 \alpha_{zx}}{\partial q_x^2} & \dfrac{\partial^2 \alpha_{zz}}{\partial q_x^2} & -\dfrac{\partial^2 \alpha_{yz}}{\partial q_x^2} \\ -\dfrac{\partial^2 \alpha_{xy}}{\partial q_x^2} & -\dfrac{\partial^2 \alpha_{yz}}{\partial q_x^2} & \dfrac{\partial^2 \alpha_{yy}}{\partial q_x^2} \end{pmatrix} = \begin{pmatrix} \dfrac{\partial^2 \alpha_{xx}}{\partial q_z^2} & \dfrac{\partial^2 \alpha_{xy}}{\partial q_z^2} & \dfrac{\partial^2 \alpha_{xz}}{\partial q_z^2} \\ \dfrac{\partial^2 \alpha_{yx}}{\partial q_z^2} & \dfrac{\partial^2 \alpha_{yy}}{\partial q_z^2} & \dfrac{\partial^2 \alpha_{yz}}{\partial q_z^2} \\ \dfrac{\partial^2 \alpha_{zx}}{\partial q_z^2} & \dfrac{\partial^2 \alpha_{zy}}{\partial q_z^2} & \dfrac{\partial^2 \alpha_{zz}}{\partial q_z^2} \end{pmatrix} \tag{B.6}$$

B.3 Rotation de $-\pi/2$ autour de l'axe z

Une rotation d'angle $-\dfrac{\pi}{2}$ autour de l'axe z s'obtient par application de la matrice suivante :

$$R_z(\frac{\pi}{2}) = \begin{pmatrix} 0 & -1 & 0 \\ 1 & 0 & 0 \\ 0 & 0 & 1 \end{pmatrix} \tag{B.7}$$

De même que précédemment, on obtient par une application sur les dérivées $\partial_{q_x}\partial_{q_y}$ du tenseur de polarisabilité :

$$\begin{pmatrix} \dfrac{\partial^2 \alpha_{yy}}{\partial q_x \partial q_y} & -\dfrac{\partial^2 \alpha_{xy}}{\partial q_x \partial q_y} & \dfrac{\partial^2 \alpha_{yz}}{\partial q_x \partial q_y} \\ -\dfrac{\partial^2 \alpha_{xy}}{\partial q_x \partial q_y} & \dfrac{\partial^2 \alpha_{xx}}{\partial q_x \partial q_y} & -\dfrac{\partial^2 \alpha_{xz}}{\partial q_x \partial q_y} \\ \dfrac{\partial^2 \alpha_{yz}}{\partial q_x \partial q_y} & -\dfrac{\partial^2 \alpha_{xz}}{\partial q_x \partial q_y} & \dfrac{\partial^2 \alpha_{zz}}{\partial q_x \partial q_y} \end{pmatrix} = \begin{pmatrix} -\dfrac{\partial^2 \alpha_{xx}}{\partial q_x \partial q_y} & -\dfrac{\partial^2 \alpha_{xy}}{\partial q_x \partial q_y} & -\dfrac{\partial^2 \alpha_{xz}}{\partial q_x \partial q_y} \\ -\dfrac{\partial^2 \alpha_{yx}}{\partial q_x \partial q_y} & -\dfrac{\partial^2 \alpha_{yy}}{\partial q_x \partial q_y} & -\dfrac{\partial^2 \alpha_{yz}}{\partial q_x \partial q_y} \\ -\dfrac{\partial^2 \alpha_{zx}}{\partial q_x \partial q_y} & -\dfrac{\partial^2 \alpha_{zy}}{\partial q_x \partial q_y} & -\dfrac{\partial^2 \alpha_{zz}}{\partial q_x \partial q_y} \end{pmatrix} \tag{B.8}$$

$$\begin{pmatrix} \dfrac{\partial^2 \alpha_{yy}}{\partial q_x^2} & -\dfrac{\partial^2 \alpha_{xy}}{\partial q_x^2} & \dfrac{\partial^2 \alpha_{yz}}{\partial q_x^2} \\ -\dfrac{\partial^2 \alpha_{xy}}{\partial q_x^2} & \dfrac{\partial^2 \alpha_{xx}}{\partial q_x^2} & -\dfrac{\partial^2 \alpha_{xz}}{\partial q_x^2} \\ \dfrac{\partial^2 \alpha_{yz}}{\partial q_x^2} & -\dfrac{\partial^2 \alpha_{xz}}{\partial q_x^2} & \dfrac{\partial^2 \alpha_{zz}}{\partial q_x^2} \end{pmatrix} = \begin{pmatrix} \dfrac{\partial^2 \alpha_{xx}}{\partial q_y^2} & \dfrac{\partial^2 \alpha_{xy}}{\partial q_y^2} & \dfrac{\partial^2 \alpha_{xz}}{\partial q_y^2} \\ \dfrac{\partial^2 \alpha_{yx}}{\partial q_y^2} & \dfrac{\partial^2 \alpha_{yy}}{\partial q_y^2} & \dfrac{\partial^2 \alpha_{yz}}{\partial q_y^2} \\ \dfrac{\partial^2 \alpha_{zx}}{\partial q_y^2} & \dfrac{\partial^2 \alpha_{zy}}{\partial q_y^2} & \dfrac{\partial^2 \alpha_{zz}}{\partial q_y^2} \end{pmatrix} \quad (B.9)$$

B.4 Combinaison de deux rotations

Les égalités suivantes résultent de l'application successive des opérateurs $R_x(\frac{\pi}{2})$ et $R_z(\frac{\pi}{2})$.

$$\begin{pmatrix} \dfrac{\partial^2 \alpha_{yy}}{\partial q_x \partial q_y} & \dfrac{\partial^2 \alpha_{yz}}{\partial q_x \partial q_y} & \dfrac{\partial^2 \alpha_{xy}}{\partial q_x \partial q_y} \\ \dfrac{\partial^2 \alpha_{zy}}{\partial q_x \partial q_y} & \dfrac{\partial^2 \alpha_{zz}}{\partial q_x \partial q_y} & \dfrac{\partial^2 \alpha_{xz}}{\partial q_x \partial q_y} \\ \dfrac{\partial^2 \alpha_{xy}}{\partial q_x \partial q_y} & \dfrac{\partial^2 \alpha_{xz}}{\partial q_x \partial q_y} & \dfrac{\partial^2 \alpha_{xx}}{\partial q_x \partial q_y} \end{pmatrix} = \begin{pmatrix} \dfrac{\partial^2 \alpha_{xx}}{\partial q_x \partial q_z} & \dfrac{\partial^2 \alpha_{xy}}{\partial q_x \partial q_z} & \dfrac{\partial^2 \alpha_{xz}}{\partial q_x \partial q_z} \\ \dfrac{\partial^2 \alpha_{yx}}{\partial q_x \partial q_z} & \dfrac{\partial^2 \alpha_{yy}}{\partial q_x \partial q_z} & \dfrac{\partial^2 \alpha_{yz}}{\partial q_x \partial q_z} \\ \dfrac{\partial^2 \alpha_{zx}}{\partial q_x \partial q_z} & \dfrac{\partial^2 \alpha_{zy}}{\partial q_x \partial q_z} & \dfrac{\partial^2 \alpha_{zz}}{\partial q_x \partial q_z} \end{pmatrix} \quad (B.10)$$

$$\begin{pmatrix} \dfrac{\partial^2 \alpha_{xx}}{\partial q_x^2} & \dfrac{\partial^2 \alpha_{xz}}{\partial q_x^2} & -\dfrac{\partial^2 \alpha_{xy}}{\partial q_x^2} \\ \dfrac{\partial^2 \alpha_{zx}}{\partial q_x^2} & \dfrac{\partial^2 \alpha_{zz}}{\partial q_x^2} & -\dfrac{\partial^2 \alpha_{yz}}{\partial q_x^2} \\ -\dfrac{\partial^2 \alpha_{xy}}{\partial q_x^2} & -\dfrac{\partial^2 \alpha_{yz}}{\partial q_x^2} & \dfrac{\partial^2 \alpha_{yy}}{\partial q_x^2} \end{pmatrix} = \begin{pmatrix} \dfrac{\partial^2 \alpha_{xx}}{\partial q_y^2} & \dfrac{\partial^2 \alpha_{xy}}{\partial q_y^2} & \dfrac{\partial^2 \alpha_{xz}}{\partial q_y^2} \\ \dfrac{\partial^2 \alpha_{yx}}{\partial q_y^2} & \dfrac{\partial^2 \alpha_{yy}}{\partial q_y^2} & \dfrac{\partial^2 \alpha_{yz}}{\partial q_y^2} \\ \dfrac{\partial^2 \alpha_{zx}}{\partial q_y^2} & \dfrac{\partial^2 \alpha_{zy}}{\partial q_y^2} & \dfrac{\partial^2 \alpha_{zz}}{\partial q_y^2} \end{pmatrix} \quad (B.11)$$

Annexe C

Résultats et définitions utiles

C.1 Rapports de dépolarisation, isotropie et anisotropie de la transition

L'obtention formelle des sections efficaces étudiées ici est donnée dans le chapitre 1. Cette annexe est simplement utile en tant qu'aide mémoire pour les formules de conversion utilisées lors de l'étude des valeurs de sections efficaces issues de la littérature. D'une façon générale, l'intensité intégrée acquise, pour une transition donnée, en configuration verticale, s'écrit, dans le cas d'un compteur de photons :

$$\left(\frac{\mathrm{d}\sigma}{\mathrm{d}\Omega}\right) = (2\pi)^4 \nu_0 (\nu_0 - \nu)^3 \times F(T) \times \left\{(\alpha)^2 + \frac{7}{45}(\beta)^2\right\} \tag{C.1}$$

La variable ν_0 est un nombre d'onde en cm^{-1} et correspond à la fréquence du laser. La variable ν est la fréquence centrale de la transition étudiée. Les grandeurs $(\alpha)^2$ et $(\beta)^2$ sont les invariants connus dont la valeur et l'expression est propre à une transition donnée. Nous ne discutons pas du facteur thermique $F(T)$ ici car ce n'est pas l'objet de cette annexe. De même, la participation du facteur $(2\pi)^4 \nu_0 (\nu_0 - \nu)^3$ est éliminée dans la suite du texte.

La section efficace de l'équation C.1 peut être décomposée en une somme, correspondant aux intensités I_{VV} et I_{VH} :

$$\int I_V(\nu)\mathrm{d}\nu = \int I_{VV}(\nu)\mathrm{d}\nu + \int I_{VH}(\nu)\mathrm{d}\nu = \frac{45\alpha^2 + 4\beta^2}{45} + \frac{3\beta^2}{45} \tag{C.2}$$

De même, la section efficace acquise en configuration horizontale est :

$$\int I_H(\nu)\mathrm{d}\nu = \int I_{HH}(\nu)\mathrm{d}\nu + \int I_{HV}(\nu)\mathrm{d}\nu = \frac{3\beta^2}{45} + \frac{3\beta^2}{45} \tag{C.3}$$

Dans ces expressions, le premier indice fait référence à la polarisation de l'onde incidente, et le second indice à la polarisation de l'onde diffusée à 90°. La direction H ou V signifie respectivement parallèle ou perpendiculaire au plan de diffusion, qui est lui même horizontal dans le repère du laboratoire. Pour des raisons de symétrie, $I_{HH} = I_{HV} = I_{VH}$.

Dans le cas de notre expérience, le rapport de dépolarisation intégré est noté η_{int} et désigne la quantité :

$$\eta_{\text{int}} = \frac{\int I_H(\nu)\mathrm{d}\nu}{\int I_V(\nu)\mathrm{d}\nu} = \frac{6\beta^2}{45\alpha^2 + 7\beta^2} \tag{C.4}$$

Ainsi, le rapport de dépolarisation η_{int} d'une transition Raman, tel que défini à l'équation C.4, ne peut être supérieur à 6/7.

Lorsque les spectres ne sont étudiés qu'en configuration verticale, et que la séparation des composantes isotropes et anisotropes est réalisée au moyen d'un analyseur, une autre définition du rapport de dépolarisation est utilisée :

$$\rho_s = \frac{\int I_{VH}(\nu)\mathrm{d}\nu}{\int I_{VV}(\nu)\mathrm{d}\nu} = \frac{3\beta^2}{4\beta^2 + 45\alpha^2} \tag{C.5}$$

Dans ce dernier cas, le rapport de dépolarisation ne peut pas être supérieur à 3/4.

Nous déduisons des considérations précédentes les formules de conversion permettant d'obtenir l'intensité intégrée isotrope et anisotrope à partir de la section efficace verticale (équation C.2) et du rapport de dépolarisation ρ_s (équation C.5) :

$$(\beta)^2 = \frac{15}{2}\frac{2\rho_s}{1+\rho_s}\left(\frac{7\beta^2 + 45\alpha^2}{45}\right) \tag{C.6}$$

$$(\alpha)^2 = \left(\frac{1}{1+\rho_s}\right)\left(1 - \frac{4\rho_s}{3}\right)\left(\frac{7\beta^2 + 45\alpha^2}{45}\right) \tag{C.7}$$

Nous pouvons montrer d'autre part qu'il est également possible de remonter aux invariants de tenseur de l'équation C.2 en connaissant simplement η_{int} et la section efficace verticale :

$$(\beta)^2 = \frac{15}{2}\eta_{\text{int}}\left(\frac{7\beta^2 + 45\alpha^2}{45}\right) \tag{C.8}$$

$$(\alpha)^2 = \left(1 - \frac{7}{6}\eta_{\text{int}}\right)\left(\frac{7\beta^2 + 45\alpha^2}{45}\right) \tag{C.9}$$

L'équivalence entre les deux quantités ρ_s et η_{int} est donnée par la formule suivante :

$$\eta_{\text{int}} = \frac{2\rho_s}{1+\rho_s} \Leftrightarrow \rho_s = \frac{\eta_{int}}{2-\eta_{int}} \tag{C.10}$$

Ces équations nous permettent de comparer nos résultats avec les valeurs de sections efficaces relevées dans la littérature.

C.2 Conversion des sections efficaces de Holzer et Ouillon

Procédure de calibration

La publication de Holzer et Ouillon[1] est une étude pionnière du spectre Raman de la molécule SF_6. Elle recense les sections efficaces de plusieurs bandes de transitions faiblement actives en Raman. La procédure de calibration alors employée consistait en une normalisation par la section efficace de la branche Q associée au premier état excité de la molécule N_2 (cette bande est totalement dépolarisée). La section efficace du diazote reportée est[2] :

$$\left(\frac{d\sigma}{d\Omega}\right)_{N_2}^{v=1,J=0} = 3.30 \times 10^{-31}\,\text{cm}^2 \tag{C.11}$$

Dans la littérature, il a été fait état d'une valeur absolue de $\left(\frac{d\sigma}{d\Omega}\right)_{N_2}^{v=1,J=0}$ reportée avec une incertitude de l'ordre du pourcent[3]. Cette valeur, dans le contexte de l'expérience de Holzer et Ouillon, correspond à :

$$\left(\frac{d\sigma}{d\Omega}\right)_{N_2}^{v=1,J=0} = 4.91 \times 10^{-31}\,\text{cm}^2 \tag{C.12}$$

La section efficace de la bande ν_2 du SF_6, totalement dépolarisée, fût mesurée en configuration VH et $VV+VH$. Les sections efficaces alors mesurées par Holzer et Ouillon, relativement à la transition du diazote évoquée ci-dessus, sont :

$$\left(\frac{d\sigma}{d\Omega}\right)_{SF_6(\nu_2)} = \begin{cases} 2.05\,(I_{VV} + I_{VH}) \\ 1.15\,(I_{VV}) \end{cases} \tag{C.13}$$

Les sections efficaces mesurées par Holzer et Ouillon pour les autres bandes du SF_6 se rapportent donc à la bande de transition ν_2 du SF_6, qui elle même est reportée normalisée par la section efficace de la première branche Q de la molécule N_2. La mesure étant effectuée au photomultiplicateur, le facteur de conversion est $k_0 k_s^3$. Ainsi, les sections efficaces reportées par Holzer et Ouillon des autres bandes du SF_6, données en ‰ de la section efficace verticale de la bande ν_2, doivent être converties en unités absolues avant

---

[1] W. Holzer and R. Ouillon. Forbidden Raman bands of SF_6 : collision induced Raman scattering. *Chemical Physics Letters*, 24(4) : 589 – 593, 1974.

[2] Wayne R. Fenner, Howard A. Hyatt, John M. Kellam, and S. P. S. Porto. Raman cross section of some simple gases. *J. Opt. Soc. Am.*, 63(1) :73–77, Jan 1973.

[3] Boris S. Galabov and Todor Dudev. Chapter 8 intensities in Raman spectroscopy. In *Vibrational Intensities*, volume 22 of *Vibrational Spectra and Structure*, pages 189 – 214. Elsevier, 1996.

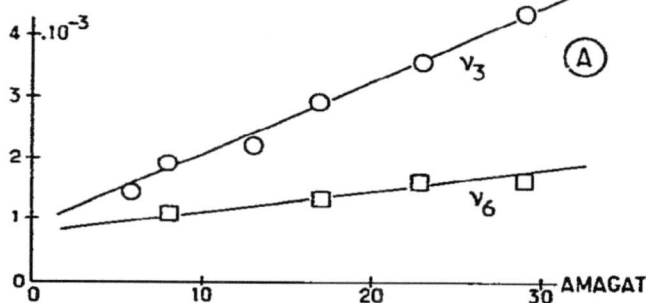

FIG. C.1 : Données expérimentales de Holzer et Ouillon concernant les bandes induites par collision

comparaison avec d'autres données. Cette conversion se fait de la manière suivante :

$$\left(\frac{d\sigma}{d\Omega}\right)_x \longrightarrow \left(\frac{d\sigma}{d\Omega}\right)_x \times \left(\frac{d\sigma}{d\Omega}\right)_{SF_6(\nu_2)} \times \left(\frac{d\sigma}{d\Omega}\right)_{N_2}^{v=1,J=0} \times 10^{-3} \, (\text{cm}^2) \qquad (C.14)$$

Ce faisant, cette valeur peut être convertie en unités non dépendantes de la longueur d'onde, si elle est divisée par $k_0 k_s^3$, k_s correspondant à la longueur d'onde diffusée associée à la section efficace de la transition étudiée. Les sections efficaces binaires et linéaires correspondant à la bande ν_3 ont été déduites des mesures reportées sur la figure C.1 et sont données dans les paragraphes suivants.

Bande ν_3 induite par les molécules isolées

L'ordonnée à l'origine a été mesurée sur le graphique de la figure C.1 avec la valeur suivante :

$$\beta = \left(\frac{d\sigma}{d\Omega}\right)_{SF_6(\nu_2)} \times 8.8 \times 10^{-4} \, (\text{cm}^2) \qquad (C.15)$$

En utilisant les sections efficaces des équations respectives C.11 et C.12, cela donne :

$$\left(\frac{d\sigma}{d\Omega}\right)_\perp^{lin} = \begin{cases} 2.9 \times 10^{-34} \, \text{cm}^2 \\ 4.3 \times 10^{-34} \, \text{cm}^2 \end{cases} \qquad (C.16)$$

Si l'on normalise ces coefficients par $k_0 k_s^3$, nous obtenons :

$$\frac{1}{k_0 k_s^3}\left(\frac{d\sigma}{d\Omega}\right)_\perp^{lin} = \begin{cases} 1.53 \times 10^{-54} \, \text{cm}^2 \\ 2.27 \times 10^{-54} \, \text{cm}^2 \end{cases} \qquad (C.17)$$

Bande ν_3 induite par dimères

La pente de la droite correspondant à la bande ν_3 induite par les collisions a été mesurée sur la page de l'article avec la valeur suivante :

$$\alpha = \left(\frac{d\sigma}{d\Omega}\right)_{SF_6(\nu_2)} \times 1.26 \times 10^{-4}\, (\text{cm}^2 \cdot \text{amg}^{-1}) \tag{C.18}$$

Soit, en utilisant respectivement les sections efficaces du diazote des équations C.11 et C.12 :

$$\frac{1}{2}\left(\frac{d\sigma}{d\Omega}\right)_{\perp}^{\text{bin}} = \begin{cases} 8.52 \times 10^{-35}\, \text{cm}^2 \cdot \text{amg}^{-1} \\ 1.27 \times 10^{-34}\, \text{cm}^2 \cdot \text{amg}^{-1} \end{cases} \tag{C.19}$$

Si l'on normalise ces deux valeurs par la constante de Loschmidt divisée par deux, qui fait correspondre ces valeurs avec la valeur de la section efficace de l'équation 6.1, on obtient :

$$\left(\frac{d\sigma}{d\Omega}\right)_{\perp}^{\text{bin}} = \begin{cases} 6.35 \times 10^{-54}\, \text{cm}^5 \\ 9.44 \times 10^{-54}\, \text{cm}^5 \end{cases} \tag{C.20}$$

Une normalisation par $k_0 k_s^3$ donne :

$$\left(\frac{d\sigma}{d\Omega}\right)_{\perp}^{\text{bin}} = \begin{cases} 3.31 \times 10^{-74}\, \text{cm}^9 \\ 4.93 \times 10^{-74}\, \text{cm}^9 \end{cases} \tag{C.21}$$

C.3 Distribution de probabilité de loi Γ

Dans ce travail, nous faisons parfois référence à la fonction de distribution $g_k(x,\beta)$ comme la fonction de distribution de probabilité de loi gamma. Cette fonction de distribution de probabilité s'exprime en fonction de deux paramètres que nous noterons k et β. L'expression générale, pour une fonction de distribution de loi Gamma de paramètres k et β est :

$$g_k(x,\beta) = \frac{\beta^k}{\Gamma(k)} x^{k-1} \exp(-\beta x) \tag{C.22}$$

La fonction $\Gamma(k)$ correspond à la fonction Γ connue en analyse, dont l'expression est :

$$\Gamma(k) = \int_0^\infty x^{k-1} \exp(-x) \mathrm{d}x \tag{C.23}$$

On montre assez simplement que si k est un entier naturel, $\Gamma(k) = (k-1)!$. Le domaine de définition de la fonction Γ peut être étendu aux valeurs demi-entières et au plan complexe. Cependant, dans ce travail, k prend essentiellement des valeurs entières ou demi-entières. La fonction de distribution cumulée $G_k(x,\beta)$ est essentiellement la fonction gamma incomplète :

$$G_k(x,\beta) = \frac{\gamma(k,\beta x)}{\Gamma(k)} \tag{C.24}$$

Où la fonction γ incomplète est :

$$\gamma(k,\beta x) = \beta^k \int_0^x u^{k-1} \exp(-\beta u) \mathrm{d}u \tag{C.25}$$

On a simplement, pour rester cohérent avec les définitions précédentes :

$$\lim_{x \to \infty} \gamma(k,\beta x) = \Gamma(k) \tag{C.26}$$

Dans toutes ces expressions, le domaine de définition pour x est $x \in [0;+\infty]$ et β est toujours défini positif ($\beta > 0$).

Oui, je veux morebooks!

i want morebooks!

Buy your books fast and straightforward online - at one of world's fastest growing online book stores! Environmentally sound due to Print-on-Demand technologies.

Buy your books online at
www.get-morebooks.com

Achetez vos livres en ligne, vite et bien, sur l'une des librairies en ligne les plus performantes au monde!
En protégeant nos ressources et notre environnement grâce à l'impression à la demande.

La librairie en ligne pour acheter plus vite
www.morebooks.fr

Printed by Books on Demand GmbH, Norderstedt / Germany